Anke Baum-Nilsson

Social Media Insight: Befriedigung der kommunikativen Mitarbeiterbedürfnisse durch soziale Medien

Eine empirische Untersuchung anhand von DAX- und MDAX-Unternehmen

Diplomica Verlag GmbH

Baum-Nilsson, Anke: Social Media Insight: Befriedigung der kommunikativen Mitarbeiterbedürfnisse durch soziale Medien: Eine empirische Untersuchung anhand von DAX- und MDAX-Unternehmen. Hamburg, Diplomica Verlag GmbH 2013

Buch-ISBN: 978-3-8428-8224-9
PDF-eBook-ISBN: 978-3-8428-3224-4
Druck/Herstellung: Diplomica® Verlag GmbH, Hamburg, 2013

Bibliografische Information der Deutschen Nationalbibliothek:
Die Deutsche Nationalbibliothek verzeichnet diese Publikation in der Deutschen Nationalbibliografie; detaillierte bibliografische Daten sind im Internet über http://dnb.d-nb.de abrufbar.

Kurzbeschreibung

Ziel der Studie ist es zu untersuchen, wie der Einsatz von Social Media in der unternehmensinternen Kommunikation von in Deutschland ansässigen DAX- und MDAX-Unternehmen dazu beiträgt, die kommunikativen Bedürfnisse von Mitarbeitern besser zu befriedigen. Im Fokus der Untersuchung stehen dialogorientierte Social-Media-Instrumente bzw. solche mit partizipativem Charakter, welche die Mitarbeitermotivation und -zufriedenheit steigern und dadurch die Mitarbeiterloyalität fördern, Integration und Identifikation mit der Arbeit und dem Unternehmen bieten und gleichzeitig das Vertrauen in den Arbeitgeber stärken und Prozesse, welche die Organisationskultur und das Betriebsklima fördern und weiterentwickeln. Betrachtet werden in diesem Zusammenhang die formelle und die informelle Kommunikation. Um die Bedeutung von Social-Media-Anwendungen bezogen auf die Mitarbeiterkommunikation zu untersuchen, wurden nichtstandardisierte Leitfadeninterviews mit 15 Experten aus DAX- und MDAX-Unternehmen geführt.

Die Ergebnisse der Interviews und der Literaturrecherche ergaben, dass die Social-Media-Anwendungen insbesondere aufgrund der Möglichkeit der schnellen Vermittlung zeitkritischer Informationen an große Zielgruppen über große Distanzen hinweg und der Offerte eines Feedback und Dialog ermöglichenden Rückkanals zu einer verbesserten Befriedigung der Bedürfnisse nach Informationen und Dialog beitragen. Erwünschtes Feedback wiederum ist ein Signal für Wertschätzung und Verständnis der Mitarbeiter, so dass die Social-Media-Anwendungen hier indirekt zu einer Befriedigung dieser Bedürfnisse beitragen können. Zudem ergaben die Ergebnisse, dass sich mittels Social Media laut der Meinung der meisten Experten sowohl die Mitarbeiterloyalität fördern, das Vertrauen in den Arbeitgeber stärken sowie die Unternehmens-, Führungs- und Kommunikationskultur sehr gut fördern und weiterentwickeln lässt. Des Weiteren ergaben diese, dass der klassische Flurfunk nicht ersetzt wird, sondern dass sich ein weiterer digitaler, globaler Flurfunk von einer anderen Qualität als der klassische informelle Austausch entwickelt.

Abstract

It is the aim of this survey to determine whether application of social media in in-house communications in German-based DAX and MDAX corporate entities contributes towards satisfying employee needs. This research focuses specifically on dialogue-oriented social media instruments and those of a participatory character which boost employee motivation and satisfaction at the same time that they enhance employee loyalty, integration and identification with their work and the corporation and simultaneously strengthen and promote organizational structure and the operations climate. Formal as well as informal communications will be observed in this context. To determine the meaning of social media use in terms of employee communications, non-standardized thematic interviews were conducted with 15 experts from DAX and MDAX corporations.

The results of the interviews and the literature search have shown that social media applications better satisfy the requirements for information and dialogue particularly due to the ability to more quickly convey time-critical information to large target groups over large distances and the offer of a response channel which allows feedback and dialogue. Desired feedback is, in turn, a signal which indicates the appreciation and understanding of the employees so that the social media applications can indirectly play a role in meeting these needs. The results have also shown that, according to most experts, using social media promotes employee loyalty, increases trust in the employer and fosters the company, management and communication culture and lets it further develop. The results have also shown that the traditional "grapevine" is not replaced but rather a more extensive, digital, global grapevine of another quality than the traditional means of sharing information develops.

Inhaltsverzeichnis

1 Einleitung

Social Media bzw. soziale Medien bezeichnet eines der aktuellen, gesellschaftlichen Trendthemen. Jede Gemeinschaft entsteht durch Kommunikation und Kommunikation ist immer ein sozialer Akt. Durch die Besinnung auf diesen Ursprung entstand ein neues, starkes Gemeinschaftsgefühl im Social Web, auch Web 2.0, zu dem Social Communities, Weblogs, Podcasts und Wikis zählen. Die Menschen vernetzen sich im privaten Bereich zunehmend online. Gleichzeitig sind sie Kunde, Aktionär oder Mitarbeiter. Social Media gewinnt daher zunehmend für Unternehmen an Bedeutung.

Die Studie setzt sich mit Social-Media-Anwendungen im Kontext der Mitarbeiterkommunikation von in Deutschland ansässigen DAX- und MDAX-Unternehmen auseinander. Die Erkenntnis, dass motivierte, engagierte und veränderungsbereite Mitarbeiter letztlich über das Erreichen der Unternehmensziele entscheiden, hat sich in vielen Unternehmen durchgesetzt. Social Media gewinnt daher insbesondere in der Kommunikation mit Mitarbeitern an Bedeutung:

> Die zunehmende Bedeutung des Faktors Wissen, die fortschreitende Digitalisierung von Arbeits- und Kommunikationsprozessen und allgegenwärtige Veränderungen erhöhen auch die Bedeutung der internen Kommunikation, [...]. Vom Einsatz digitaler Instrumente, insbesondere solcher mit partizipativem Charakter, versprechen sich Unternehmen eine Effektivitäts- und Effizienzsteigerung der unternehmensinternen Kommunikationsprozesse. (Einwiller / Landmeier 2012: 201)

Die Fragestellung, wie der Einsatz von Social Media Tools zur besseren Befriedigung der kommunikativen Bedürfnisse von Mitarbeitern beiträgt, ist Ansatzpunkt der Untersuchung. Im Fokus stehen interne dialogorientierte bzw. partizipative Social-Media-Anwendungen, welche auf eine Steigerung der Integration und Identifikation mit der Arbeit und dem Unternehmen, eine Erhöhung der Loyalität im Sinne einer Bindung an das Unternehmen und der Förderung einer partizipativen Unternehmenskultur zielen. Nicht im Fokus sind Instrumente des Wissensmanagements und externe soziale Netzwerke als Schnittstelle interner und externer Kommunikation.

Als Einleitung in die Untersuchung wird die Relevanz des Themas begründet sowie der Forschungsstand dargestellt. Anschließend wird ausgeführt, welche Zielsetzung und Fragestellung verfolgt wird, wie konkret vorgegangen wird und mit welcher Methode welche Erkenntnisse erzielt werden. Die Einleitung schließt mit einer Übersicht über den Aufbau der Studie.

1.1 Einführung

Social Media ist aus dem Alltag vieler Menschen nicht mehr wegzudenken. 51,7 Millionen Menschen in Deutschland nutzen das Internet. Dies entspricht einem Bevölkerungsanteil von 76 Prozent (vgl. ARD/ZDF Onlinestudie 2012). Die Besonderheit des Social Webs ist, „dass es die Rezeption von Informationen, Wissens- und Kulturgütern einerseits und deren Hervorbringung, Bewertung und Verbreitung andererseits in der alltäglichen Nutzung eng miteinander verwebt" (Schmidt 2008: 26). Die Menschen vernetzen sich in ihrem Privatleben also zunehmend online. Diese sind vielfach zudem Kunde oder Mitarbeiter von Unternehmen und bauen mit der steigenden Medienkompetenz entsprechende Erwartungen auch an die Kommunikation von Unternehmen auf (vgl. Pfannenberg 2011: 12).

Unter den sozialen Medien werden laut dem Bundesverband Informationswirtschaft, Telekommunikation und neue Medien e.V. sämtliche Online-Plattformen und -Applikationen verstanden, die den Austausch von nutzergenerierten Inhalten wie beispielsweise Fotos, Videos, Texte oder Kommentare ermöglichen. Blogs, Mikroblogs, Wikis, Soziale Netzwerke, Plattformen zum Mediasharing und Social Bookmarking sowie Foren sind verschiedene Formen sozialer Medien (vgl. BITKOM 2011: 5).

Diese Weiterentwicklung der ersten Generation des Internets, auch Web 1.0, zum Social Web, auch Web 2.0, im Sinne partizipativer, interaktiver Formen der Kommunikation im Internet eröffnete zahlreiche Möglichkeiten der Kommunikation und Interaktion in wirtschaftlichen, politischen, gesellschaftlichen und privaten Zusammenhängen (vgl. Zerfaß / Sandhu 2008: 285).

Aufgrund des Wandels im Mediennutzungsverhalten in sehr großen Teilen der Bevölkerung müssen Unternehmen sich demnach mit dem Thema Social Media beschäftigen. Laut der Studie „Einsatz von Social Media in Unternehmen" des Bundesverband digitale Wirtschaft e.V. (BVDW) geben auch rund 71,9 Prozent der befragten Unternehmen an, dass Social Media aktuell eine sehr hohe Bedeutung besitzt. Für 84,9 Prozent der Unternehmen gewinnt Social Media in den nächsten zwölf Monaten an Bedeutung (vgl. BVDW 2011: 3). Insgesamt sind die Social Media Strategien der Unternehmen dennoch sehr unterschiedlich, da teilweise eine große Skepsis wie auch Misstrauen bezüglich Social Media existiert (vgl. Mast 2010: 317).

Die Notwendigkeit auch die interne Kommunikation mittels Social Media weiterzuentwickeln, wird denn laut Schick (2010: 195) auch nicht von allen Unternehmen gesehen, weil z.B. der Nutzen für das Unternehmen nicht gesehen wird und somit keine Ressourcen bereitgestellt werden. Social Media bieten demnach allerdings für die übergreifende interne Kommunikation interessante Perspektiven:

> Tools wie Weblogs (Blogs; Online-Tagebücher mit Diskussionsforen), Wikis (gemeinsam erstellte Wissensdatenbanken à la Wikipedia) und Netzwerkplattformen ähnlich Facebook oder MySpace können die unternehmensweite Zusammenarbeit und den abteilungsübergreifenden Wissensaustausch fördern. (Schick 2012: 195)

Vor dem Hintergrund aktueller Herausforderungen und der Ziele der Mitarbeiterkommunikation hat ein Social Media Einsatz zwangsläufig Auswirkungen auf die digitale Strategie des internen Kommunikationsmanagements (vgl. Einwiller / Landmeier 2012: 201). Die genannten Entwicklungen und Überlegungen bilden die Grundlage der Themenwahl für die Untersuchung.

1.2 Forschungsstand

Die Diskussion über Social Media ist in Forschung und Praxis auf breiter Front angekommen. Es gibt zahlreiche Fachliteratur zum Thema Social Media, die sich mit den Grundlagen, Methoden, Strategien und Anwendungen beschäftigt. Die Thematik der Social-Media-Anwendung in der internen Kommunikation wird aktuell verstärkt aufgegriffen. Es wird jedoch hauptsächlich über Strategien im Digitalzeitalter, das Wissensmanagement, die digitale Informationsvermittlung sowie über die Einsatzmöglichkeiten der verschiedenen Instrumente und der Implementierung von Social Web Anwendungen berichtet. In Summe liegt der Fokus häufig auf externen Public Relations (PR). Interne Kommunikation spielt immer noch eine untergeordnete Rolle. Insgesamt handelt es sich bei Social Media immer noch um ein relativ junges sowie dynamisches Phänomen. Fundierte wissenschaftliche Forschungsprojekte befinden sich derzeit noch in Arbeit, neueste Erkenntnisse werden laufend vorgestellt. Zudem ist der Online-Markt umfangreich, unübersichtlich und schnelllebig, daher sind Forschungsergebnisse teilweise bei ihrer Bekanntmachung „überholt". Vor allem Forschungsinstitute aus der Wirtschaft, von Verbänden oder Agenturen veröffentlichen Trendstudien, welche meistens auf die praxisorientierte Verwendung und eine Monetarisierung und nicht auf die Grundlagenforschung zielen.

1.3 Zielsetzung und Fragestellung

Ziel der Studie ist es zu untersuchen, wie der Einsatz von Social Media in der unternehmensinternen Kommunikation von DAX- und MDAX-Unternehmen dazu beiträgt, die kommunikativen Bedürfnisse von Mitarbeitern besser zu berücksichtigen. In diesem Sinne lautet die **forschungsleitende Fragestellung**:

> **Wie trägt der Einsatz von Social Media zur Befriedigung der kommunikativen Bedürfnisse von Mitarbeitern bei?**

Im Fokus der Untersuchung stehen dialogorientierte Social-Media-Instrumente bzw. solche mit partizipativem Charakter, welche die Mitarbeitermotivation und -zufriedenheit steigern und dadurch die Mitarbeiterloyalität fördern, Integration und Identifikation mit der Arbeit und dem Unternehmen bieten und gleichzeitig das Vertrauen in den Arbeitgeber stärken und Prozesse, welche die Organisationskultur und das Betriebsklima fördern und weiterentwickeln. Betrachtet werden in diesem Zusammenhang die formelle und die informelle Kommunikation. Einige Social Web Anwendungen wie Weblogs oder Wikis werden sowohl in der Mitarbeiterkommunikation wie auch im Wissensmanagement eingesetzt (vgl. Pleil 2012b: 237; Pleil / Rehn 2012: 300). Die verschiedenen Forschungsansätze der Wissensteilung stehen im Rahmen dieser Untersuchung nicht im Fokus. Externe soziale Netzwerke à la Facebook als Schnittstelle zwischen interner und externer Kommunikation (vgl. Einwiller / Landmeier 2012: 210) sind ebenfalls nicht im Fokus.

1.4 Methodik und Vorgehensweise

Die wichtigste Methode bei der Erarbeitung des theoretischen Teils der Untersuchung ist die Literaturarbeit. Der aktuelle Forschungsstand in den einzelnen Bereichen Mitarbeiterkommunikation, Social Media, Kommunikationsbedürfnisse von Mitarbeitern und Befriedigung wird anhand relevanter Fachliteratur kritisch und übersichtlich dargestellt. Jüngeren Quellen wird der Vorzug vor älteren gegeben, um zu gewährleisten, dass neueste Erkenntnisse des Forschungsbereiches in die Untersuchung einfließen.

Um die Bedeutung von Social-Media-Anwendungen bezogen auf die interne Unternehmenskommunikation zu untersuchen, werden im empirischen Teil der Untersuchung 15 telefonische, nichtstandardisierte Leitfadeninterviews von etwa 30 Minuten mit Experten aus dem Bereich (interne) Unternehmenskommunikation von DAX- und MDAX-Unternehmen geführt, die sich aktiv mit dem Thema „Social Media in der Mitarbeiterkommunikation" beschäftigt haben oder beschäftigen (vgl. Gläser / Laudel 2010: 41 f.). Mit dem Einverständnis der Gesprächspartner werden die Interviews digital aufgezeichnet und anschließend transkribiert. Auch die Interviewsituation beeinflusst den Interviewprozess und muss in die Auswertung einbezogen werden. Daher wird für jedes Interview ein Kontextprotokoll mit Kommentar zum Zustandekommen des Interviews, Beschreibung der konkreten Rahmenbedingungen, Bemerkungen zum Gesprächsverlauf und zur Nachinterviewphase angefertigt (vgl. Gläser / Laudel 2010: 192).

1.5 Aufbau der Arbeit

Die Untersuchung gliedert sich in die beiden großen Teilbereiche Literatur und Empirie.

Der **Literaturteil** beschäftigt sich mit den Themen Mitarbeiterkommunikation, Social Media und den Kommunikationsbedürfnissen von Mitarbeitern und deren Befriedigung. Im *zweiten Kapitel* liegt der Schwerpunkt neben der Begriffsdefinition, den Zielen und Aufgaben sowie den Kommunikationsrichtungen vor allem auf den Instrumenten der internen Kommunikation und dem Forschungsstand im Zusammenhang mit Social Media. Im *dritten Kapitel* wird der Begriff Social Media definiert sowie deren Nutzungsweise dargestellt. Social Media Prototypen werden betrachtet sowie Motive und Anreize für dessen Nutzung beschrieben. Den Fokus bildet der Bereich Social Media in der Mitarbeiterkommunikation, in dem auf die speziellen Belange der Unternehmens-, Führungs-, und Kommunikationskultur, der Notwendigkeit der Social Media Nutzung sowie auf Herausforderungen, Chancen und Risiken eingegangen wird. Zudem werden Social Media Tools dargestellt, welche sich im Hinblick auf die für die Untersuchung relevanten Ziele der Mitarbeiterkommunikation besonders geeignet erweisen. Im *vierten Kapitel* werden zunächst die Begriffe DAX- und MDAX-Unternehmen definiert. Zudem erfolgt eine Definition des Begriffs Mitarbeiter und die Darstellung deren Bedeutung im Unternehmen. Es werden klassische Bedürfnistheorien erläutert, um anschließend auf die kommunikativen Bedürfnisse von Mitarbeitern und deren Befriedigung einzugehen. Die *Zusammenfassung* führt die verschiedenen Handlungsstränge des Literaturteils zusammen.

Im **empirischen Teil** wird anhand von qualitativen Experteninterviews untersucht, wie der Einsatz von Social Media zu einer besseren Befriedigung der kommunikativen Mitarbeiterbedürfnisse beiträgt. Im *sechsten Kapitel* wird das qualitative Vorgehen beim Untersuchungsdesign erläutert. Das *siebte Kapitel* stellt die Untersuchungsergebnisse dar. Das *achte* Kapitel beinhaltet ein Fazit mit Handlungsempfehlungen sowie einen Ausblick.

2 Mitarbeiterkommunikation

Das folgende Kapitel gibt einen Überblick über den aktuellen Forschungsstand der Mitarbeiterkommunikation im Zusammenhang mit Social Media. Dafür wird zunächst der Begriff definiert und anschließend die Ziele und Aufgaben, die Erfolgsfaktoren, die Kommunikationsrichtungen und -formen dargestellt.

2.1 Begriffsdefinition

In der Literatur werden für die Kommunikation mit den internen Bezugsgruppen zahlreiche Begriffe verwendet wie interne Unternehmenskommunikation, Internal Public Relations, interne PR, Mitarbeiterkommunikation, Personal- oder Mitarbeiterinformation und ebenso viele Kommunikationsauffassungen existieren (vgl. Einwiller / Klöfer / Nies 2008: 223; Mast 2010: 219; Führmann / Schmidbauer 2011: 24).

Die Information stellt dabei lediglich einen Teil im gesamten Kommunikationsgeschehen dar mit der Hauptaufgabe: Wecken von Aufmerksamkeit, Einleitung des Prozesses und ein zweckorientiertes und, oder in seiner Art neues Wissen für definierte Personen zu vermitteln (vgl. Ruisinger / Jorzik 2008: 227). Die Mitarbeiterkommunikation hingegen bezieht zudem im Sinne einer wechselseitigen Einflussausübung die Sichtweisen und die aktive Teilnahme aller Beteiligten aller Hierarchiestufen, in sämtlichen Funktionen und Standorten ein (vgl. Einwiller / Klöfer / Nies 2008: 201, Mast 2010: 219, Herbst 2011: 35). Kommunikation bedeutet somit Information, gegenseitigen Austausch und Verständnis zugleich (vgl. Ruisinger / Jorzik 2008: 227). Der Begriff der Mitarbeiterkommunikation drückt sehr gut die Involvierung der Mitarbeiter und das Prinzip der Wechselseitigkeit aus und wird daher in der Studie Verwendung finden.

Mast (2010: 219) definiert Mitarbeiterkommunikation als „sämtliche kommunikative Prozesse, die sich in einem Unternehmen zwischen dessen Mitgliedern abspielen." Die Definition von Einwiller und Landmeier (2012: 201) findet aufgrund der Differenzierung in informative und kommunikative Vorgänge in der Untersuchung Verwendung: Mitarbeiterkommunikation „umfasst demnach alle kommunikativen und informativen Vorgänge [..], die zwischen den Mitgliedern eines Unternehmens oder einer Organisation ablaufen." Diese fungiert zudem als Bindeglied zwischen den Personen eines arbeitsteiligen Systems, ermöglicht Interaktion und Koordination und die Steuerung des Netzes ineinander greifender Verhaltensaktivitäten der einzelnen Akteure (vgl. Einwiller / Klöfer / Nies 2008: 223; Mast 2010: 219).

2.2 Ziele und Aufgaben

Oberstes Ziel der Mitarbeiterkommunikation ist es zum Erreichen der Unternehmensziele beizutragen. Deren Ziele leiten sich daher aus dem übergeordneten Ziel der Unternehmenskommunikation ab, welche einen Beitrag zur Unternehmensstrategie, zur Erreichung der Unternehmensziele und somit zur Wertschöpfung des Unternehmens leistet (vgl. Einwiller / Klöfer / Nies 2008: 235; Quirke 2008: XV; Mast 2010: 222; Schick 2010: 9 f.; Führmann / Schmidbauer 2011: 84 f.; Einwiller / Landmeier 2012: 204). Kommunikation muss demnach als zielgerichteter Prozess, der den Unternehmenszielen dient, verstanden werden (vgl. Buchholz / Knorre 2010: 33).

Nach Mast (2010: 220 f.) zielt die Mitarbeiterkommunikation auf eine optimale Aufgabenerfüllung der Mitarbeiter durch die Bereitstellung von Informationen, die Mobilisation des Mitarbeiter-Know-Hows und der Förderung deren Engagements bzw. Partizipation, die Erhaltung und Steigerung der Mitarbeiterzufriedenheit und -identifikation mit dem Unternehmen, eine langfristige Sicherung und Erhöhung der Glaubwürdigkeit und des Vertrauens in das Unternehmen und dessen Entscheidungsträger, eine Verbesserung der Umsetzung der Geschäftsziele auf allen Unternehmensebenen, eine Optimierung der Kommunikationswege und -„architektur". Die Mitarbeiterkommunikation verfolgt demnach zwei Arten von Zielsetzungen mit zwei unterschiedlichen Funktionen: Eine instrumentelle Funktion mit einer Unternehmensorientierung, welche das Mitarbeiterverhalten entsprechend der Unternehmensziele beeinflussen soll. Sowie eine soziale Funktion mit einer Mitarbeiterorientierung, welche den Mitarbeiter selbst sowie seine Bedürfnisse und Entwicklungschancen zum Gegenstand hat.

Einwiller und Landmeier (2012: 204) unterteilen die in Wechselbeziehung zueinander stehenden Teilziele in 1. Informationsziele, 2. Beziehungsziele, 3. Identitätsziele und 4. Motivationsziele. Diese Einteilung dient diesem Buch im Folgenden als Grundlage. Eine besondere Bedeutung zur Erreichung der vorgenannten für die Untersuchung relevanten Ziele kommt einem Motivationsmanagement zu. Somit werden auch die Motivationsziele in der Studie berücksichtigt (vgl. Einwiller / Landmeier 2012: 208) Im Folgenden werden alle Teilziele ausführlich dargestellt um eine Unterscheidung zu ermöglichen:

2.2.1 *Informationsziele*

Informationsziele gelten laut Einwiller und Landmeier (2012: 204) als Basisfunktion in der Kommunikation mit den Mitarbeitern. Die Voraussetzung dafür, dass ein Mitarbeiter Leistung erbringen kann, sind demnach Informationen über die zu erfüllenden Aufgaben, die dafür notwendigen Arbeitsabläufe sowie die Erwartungen seitens der Vorgesetzten (vgl. Einwiller / Landmeier 2012: 204) bzw. der Informationsaustausch (vgl. Einwiller / Klöfer / Nies 2008: 227). Zum einen erhalten die Mitarbeiter spezifische Arbeitsinformationen und Informationen zu Lohn, Gehalt und Sozialleistungen. Zusätzlich sorgen Informationen zum Unternehmen wie beispielsweise zu Unternehmenszielen und zur Unternehmensstrategie, Wirtschaftslage, zu Märkten sowie Produkten und Dienstleistungen für einen Orientierungs- und Bedeutungsrahmen. Die Mitarbeiter werden so in die Lage versetzt, vor diesem Hintergrund ihre Handlungen und die des Managements einordnen und bewerten zu können (vgl. Einwiller / Landmeier 2012: 204). Das Verständnis und die Unterstützungsbereitschaft können gefördert werden, indem Erklärungen und Gründe für eine Strategie oder Veränderungen transparent gemacht werden (vgl. Einwiller / Landmeier 2012: 204). Insgesamt soll durch die Bereitstellung von Informationen eine optimale Aufgabenerfüllung gewährleistet werden (vgl. Mast 2010: 220) und ein reibungsloser betrieblicher Ablauf gefördert werden (vgl. Einwiller / Klöfer / Nies 2008: 227).

2.2.2 *Beziehungsziele*

Interaktion und Partizipation: Soziale Beziehungen gehören zu den menschlichen Grundbedürfnissen laut Maslows Bedürfnispyramide (vgl. Jost 2008: 25; Kirchler / Meyer-Presti / Hofmann 2008: 99 f.; Scheffer / Heckhausen 2011: 58; Hungenberg / Wulf 2011: 279 f.). Interaktion und Partizipation sind demnach zentrale Bedürfnisse von Mitarbeitern in einem Unternehmen. Beide gehören zu den bedeutendsten Merkmalen des Social Webs (vgl. Einwiller / Landmeier 2012: 203). Zentrale Aufgabe der Mitarbeiterkommunikation ist es, den Aufbau wirkungsvoller Beziehungen zwischen den Mitarbeitern zu unterstützen und damit die gemeinsame Zusammenarbeit, die Koordination von Abläufen sowie den Wissensaustausch zu fördern (vgl. Einwiller / Landmeier 2012: 204).

Identifikation: Diese soll dazu beitragen, dass sich die Mitarbeiter mit dem Arbeitgeber verbunden fühlen im Sinne eines Wir-Gefühls (vgl. Einwiller / Klöfer / Nies 2008: 227), dessen Werte teilen sowie eine persönliche Einheit mit diesem wahrnehmen. Hoch identifizierte Mitarbeiter übernehmen tendenziell eher Verantwortung und engagieren sich stärker (vgl. Einwiller / Klöfer / Nies 2008: 227 f.; Hauser / Schubert / Aichner 2008: 47 - 49 und 86 – 94; Mast 2010: 222). Ein offenes Kommunikationsklima mit dem Wunsch und der Förderung von Partizipation wirkt sich positiv auf die Identifikation aus (vgl. Mast 2010: 222; Einwiller / Landmeier 2012: 205).

Loyalität: Im Sinne einer Bindung der Mitarbeiter an das Unternehmen ist Loyalität ein eng mit der Identifikation verbundenes Beziehungsziel und begünstigt niedrige Fluktuationsraten auch in Krisenzeiten (vgl. Einwiller / Klöfer / Nies 2008: 228; Einwiller / Landmeier 2012: 205). Nach Mast (2010: 222) werden Integration und Identifikation beeinflusst durch Arbeitserfahrungen wie das Ausmaß der sozialen Integration und Partizipationsmöglichkeiten und hängen sowohl mit der Information als auch mit Corporate Identity und Unternehmenskultur zusammen.

2.2.3 *Identitätsziele*

Diese stehen in enger Verbindung mit den Beziehungszielen. Hohe Identifikation und Loyalität stehen in Wechselwirkung mit der Unternehmenskultur als einem System geteilter Werte und Ansichten, welches Verhaltensnormen und einen unternehmensinternen "way of life" schafft (vgl. Einwiller / Klöfer / Nies 2008: 227; Einwiller / Landmeier 2012: 205). Eine offene Unternehmenskultur trägt eher zu Mitverantwortung und Eigeninitiative bei (vgl. Mast 2010: 222). Die Mitarbeiterkommunikation hat die bedeutende Aufgabe, dieses System im Unternehmen zu verbreiten und zu verankern, indem z.B. der Austausch „Mitarbeiter - Mitarbeiter" und „Mitarbeiter - Management" und deren Partizipation gefördert wird (vgl. Einwiller / Landmeier 2012: 205). Exzellente Organisationen pflegen eine partizipative und keine autoritäre Unternehmenskultur: „A symmetrical system of internal communication is based on the principles of employee empowerment and participation on decision making. [...] [this] fosters a participative rather than an authoritarian culture (Grunig / Grunig 2011: 9). Zugleich erleichtern Mitarbeiterbindung sowie Identifikation die mitarbeiterorientierte Kommunikation aufgrund des gemeinsamen organisationalen Grundverständnisses, welches die Verständigung sichert. Unternehmenskultur entfaltet eine Außenwirkung, sobald Mitarbeiter als Botschafter ihre Meinung außerhalb des Unternehmens darlegen (vgl. Mast 2010: 223; Einwiller / Landmeier 2012: 204).

2.2.4 *Motivationsziele*

Diesen liegen am dichtesten am übergeordneten Ziel einen Wertschöpfungsbeitrag zu leisten (vgl. Einwiller / Landmeier 2012: 205). Aufgabe der Mitarbeiterkommunikation ist es laut Einwiller und Landmeier (2012: 205), den Willen bzw. die Antriebskraft, das heißt die Motivation zu steigern, zielend auf eine Leistungserhöhung, die Bereitschaft Veränderungen mitzutragen oder Wissen zu teilen. Dazu können demnach die im Mitarbeiter mehr oder wenig stark ausgeprägten Motive wie Anerkennung, Einfluss, Selbstverwirklichung angeregt bzw. stimuliert werden. Zudem ist demnach eine positiv wahrgenommene Unternehmenskultur hierfür bedeutsam. Förderlich ist laut Mast (2010: 222) und Einwiller, Klöfer und Nies (2008: 228) eine offene Kommunikation in dem Sinne, dass der Mitarbeiter sich als bedeutenden Teil des Wertschöpfungsprozesses wahrgenommen fühlt und zur Wertschöpfung beiträgt. Aus Unternehmenssicht wird demnach eine positive Wirkung auf die Effizienz und Effektivität der individuellen Arbeitsleistung erwartet (vgl. Mast 2010: 222). Im Rahmen der Experteninterviews wird der Aspekt der Ziele der Mitarbeiterkommunikation, die mittels eines Social Media Einsatzes erreicht werden sollen, aufgegriffen.

2.3 Erfolgsfaktoren

Die Grundlage für den Kommunikationserfolg schaffen folgende Grundsätze, die zwar unternehmensspezifisch angepasst werden müssen, aber dem Anspruch einer Allgemeingültigkeit nach Schick (2010: 11) gerecht werden:

Glaubwürdigkeit und Vertrauen sind demnach die Grundlage für wirkungsvolle Kommunikation (vgl. Mast 2010: 243 f.; Schick 2010: 12) und Einwiller, Klöfer und Nies (vgl. 2008: 229) betonen den Aspekt des Zuhörens als Grundvoraussetzung für erfolgreiche Kommunikation. Eine Akzeptanz der vermittelten Informationen und Botschaften erfolgt nur, wenn die Mitarbeiter die Mitarbeiterkommunikation für glaubwürdig und vertrauenswürdig halten und mangelnde Akzeptanz bedeutet, dass Meinungsbildung und Verhalten nicht in die beabsichtigte Richtung beeinflusst werden (vgl. Schick 2010: 12).

Eine offene, ehrliche Kommunikation erarbeitet dabei Vertrauen (vgl. Schick 2010: 12), wobei Offenheit ein wesentliches Element echter Kommunikation ist (vgl. Einwiller / Klöfer / Nies 2008: 229). Eine zudem klare, verständliche Ausdrucksweise lässt die Botschaften bei den Mitarbeitern ankommen. „Fach-Chinesisch" führt dazu, dass diese nicht wahrgenommen, nicht bzw. falsch verstanden oder abgelehnt werden (vgl. Gfeller 2007: 16; Schick 2010: 12). Die Einstellung, dass Mitarbeiter ein Recht auf aktuelle sowie kontinuierliche Informationen besitzen, muss ebenso wie die entsprechenden Kommunikationskanäle vorhanden sein (vgl. Schick 2010: 12). Zusätzlich zur Informationsvermittlung ist der Dialog im Sinne von offenem Meinungs- und Informationsaustausch erforderlich (Einwiller / Klöfer / Nies 2008: 229; Schick 2010: 13), wobei dies laut Schick (2010: 13) insbesondere den Dialog zwischen Mitarbeitern und Management umfasst. Die Mitarbeiterkommunikation muss dazu, die jeweiligen Kommunikationsplattformen bereitstellen sowie zum Dialog stimulieren, welcher Vertrauen sowie Verständnis fördert und somit die Voraussetzungen für die Akzeptanz von Veränderungen sowie für aktives Mitmachen (vgl. Schick 2010: 13). Ein regelmäßiges Feedback ermöglicht Korrekturen (vgl. Gfeller 2007: 17; Schick 2010: 213).

Abschließend ist zu sagen, dass das Gelingen der Mitarbeiterkommunikation, ob digital oder analog, laut Einwiller und Landmeier (2012: 214) stark von den strukturellen Gegebenheiten im jeweiligen Unternehmen abhängt. Dazu gehören die Wertschätzung der Mitarbeiterkommunikation, deren zielgerichtete systematische Planung und Steuerung und eine partizipative Unternehmenskultur (vgl. Einwiller / Landmeier 2012: 214). In Bezug zur Forschungsfrage benennt das Kapitel die Faktoren, die für einen erfolgreichen Social Media Einsatz mit einer verbesserten kommunikativen Bedürfnisbefriedigung in der Mitarbeiterkommunikation zu berücksichtigen sind. Der Aspekt der Erfolgsfaktoren eines Social Media Einsatzes wird im Rahmen der Experteninterviews aufgegriffen.

2.4 Kommunikationsrichtung

In der formalen Kommunikation, die sämtliche organisierten und gewollten, das heißt die offiziellen Kommunikationskanäle und Inhalte zur Vermittlung von Zielen, Arbeitsanweisungen und zur Informationsweitergabe beinhaltet (vgl. Gfeller 2007: 28; Mast 2010: 180), kann zwischen den Medien der Abwärts- und Aufwärtskommunikation sowie Kanälen zum wechselseitigen Austausch und Dialog, also der horizontalen Kommunikation, unterschieden werden (vgl. Gfeller 2007: 37 f.; Einwiller / Klöfer / Nies 2008: 224; Mast 2010: 248; Nerdinger / Blickle / Schaper 2011: 63; Einwiller / Landmeier 2012: 206 f.). Die formale Kommunikation dient dem Arbeitsablauf (vgl. Mast 2010: 181). Für diese Untersuchung sind die formale Abwärts- und Aufwärtskommunikation sowie die horizontale, wechselseitige Kommunikation von Bedeutung.

Die informelle Kommunikation umfasst im Gegensatz zu vorgenannter den inoffiziellen privaten Informations- und Meinungsaustausch zwischen den Unternehmensmitgliedern und dient der Etablierung von Gruppennormen und individuellen Verhaltensmustern sowie auf diese Weise der Aufrechterhaltung der individuellen Identität (vgl. Mast 2010: 181; Nerdinger / Blickle / Schaper 2011: 63). Laut Schick (2010: 168 f.) ist die horizontale, informelle Kommunikation notwendig für das Miteinander und den Unternehmenserfolg und informelle Netzwerke bilden dabei das Rückgrat, indem der „kleine Dienstweg“ Schnelligkeit und Flexibilität sichert.

Für diese Untersuchung sind die formale Abwärts-, Aufwärts- und horizontale Kommunikation von Bedeutung. Die informelle Kommunikation wird ebenfalls berücksichtigt. Die drei erstgenannten werden im Folgenden vertiefend dargestellt.

2.4.1 Abwärtskommunikation

Als Abwärtskommunikation wird der vertikale Informationsfluss bezeichnet und gebräuchlich ist auch der Begriff der Informationskaskade (vgl. Einwiller / Klöfer / Nies 2008: 224, Mast 2010: 230). Zusammengefasst verfolgen die Kommunikationsabläufe von oben nach unten nach Mast (2010: 230) sowie Einwiller, Klöfer und Nies (2008: 224) die Ziele: 1. Erhalt von Instruktionen und Anweisungen seitens der Belegschaft. 2. Verkünden von Informationen bezüglich Unternehmensvorhaben, Entwicklungen und Pläne, 3. Begründungen von Managemententscheidungen liefern, 4. Seminare und Trainingskurse zur Vermittlung von Kompetenzen bereitstellen.

Als typisch für die Abwärtskommunikation gelten „Verteilmedien", die ausgehend von einem Punkt ihre Inhalte an möglichst viele Adressaten verteilen (vgl. Einwiller / Klöfer / Nies 2008: 239; Mast 2010: 230). Die Möglichkeit eines Feedbacks ist vielfach nicht oder nur spärlich und begrenzt möglich und die Mängel sind laut Mast (2010: 230) trotz der vielfältigen Kommunikationskanäle, welche die Botschaften zu den Mitarbeitern transportieren, deutlich. Die Mitarbeiter fordern nicht mehr Informationen, sondern Bessere und wollen gehört werden (vgl. Mast 2010: 230).

Das Top-Management setzt vorrangig auf gedruckte und elektronische Medien (vgl. Mast 2010: 230) und insgesamt die Instrumente der Abwärtskommunikation (vgl. Einwiller / Klöfer / Nies 2008: 239). Mitarbeiter wünschen sich jedoch persönliche, unvermittelte Kommunikation zur Vermittlung von Zielen sowie wichtigen Projekten und Vorhaben. Der Vorteil der schnellen, elektronischen Instrumente kann hier eine qualitativ bessere Versorgung mit aktuellen Informationen sein (vgl. Mast 2010: 230). Insbesondere vor dem Hintergrund der Probleme des „timing", das heißt der viel zu späten Ankunft der Informationen am Arbeitsplatz, und des „filtering", das bedeutet, dass einzelne Unternehmensgruppen mühsam an benötigte Informationen gelangen, da andere diese zurückhalten (vgl. Mast 2010: 230).

2.4.2 Aufwärtskommunikation

Als Aufwärtskommunikation werden die Kommunikationsabläufe vom Mitarbeiter zu Vorgesetzten, also von unten nach oben, bezeichnet (vgl. Einwiller / Klöfer / Nies 2008: 224; Mast 2010: 231; Herbst 2011: 169; Einwiller / Landmeier 2012: 206). Diese Art der Kommunikation verfolgt nach Mast (2010: 231) folgende Ziele: 1. Vermittlung der Informationen über aktuelle Arbeitsläufe der Mitarbeiter an die Leitungsebenen, 2. Informieren der Entscheidungsebenen über ungelöste Probleme im Betriebsablauf, 3. Integration von Verbesserungs- und Innovationsvorschlägen der Mitarbeiter in den Managementprozess, 4. Einfließen von Mitarbeiterwissen und -erfahrungen in Zieldefinitionen und Problemlösungen, 5. Aufnahme der Meinungen, Einstellungen und Gefühle der Mitarbeiter über ihre Arbeit, den Unternehmensbereich und das Unternehmen in den Prozess der Ziel- und Strategiefindung.

Die Anzahl dieser Kommunikationskanäle ist begrenzt (vgl. Einwiller / Klöfer / Nies 2008: 242; Mast 2010: 231 - 234). Entweder besitzen die Mitarbeiter nicht die Möglichkeit, große Informationsmengen in die Entscheidungsprozesse einzugeben, oder diese trauen nicht sich zu äußern bzw. zu exponieren, obwohl sie Klagen, Beschwerden über andere und die Beurteilung der Führungskräfte einbringen wollen. Ausschlaggebender Erfolgsfaktor liegt hier in der Beziehung zwischen Mitarbeitern und Vorgesetzten, also dem Vertrauen. Das Prinzip der kognitiven Dissonanz, also der Spannungszustand aufgrund des Widerspruchs zwischen Mitarbeiterwissen und dessen Erwartungen, bedingt, dass die Aufwärtskommunikation vielfach eine lediglich bestätigende Funktion innehat. Diese kann aber neben dem reinem Feedback oder einer besseren Information der Leitungsebene, das Bedürfnis der Mitarbeiter gebraucht und ernst genommen zu werden befriedigen und auch das Verlangen mit einflussreichen Menschen in Kontakt zu treten (vgl. Mast 2010: 231 - 234).

2.4.3 Horizontale Kommunikation

Der wechselseitige Austausch und Dialog, als horizontale Kommunikation bezeichnet, umfasst alle Kommunikationsprozesse zwischen Personen und Gruppen einer Hierarchieebene im Sinne einer Brücke sowie zwischen Personen auf verschiedenen Ebenen ohne Weisungscharakter (vgl. Herbst 2011: 169). Diese kann der Koordination, Abstimmung und Problemlösung dienen (vgl. Einwiller / Klöfer / Nies 2008: 224; Mast 2010: 234). Zudem kann diese eine fehlende Aufwärts- oder Abwärtskommunikation ersetzen. Die vielfache Vorherrschaft der Abwärtskommunikation in Unternehmen gegenüber der Aufwärts- und horizontalen Kommunikation ist eine Gefahr, da Entscheidungen gefällt und Projekte isoliert umgesetzt werden, ohne die vorhandenen Wissens- und Erfahrungsressourcen auszuschöpfen sowie das Wissen dem Gesamtunternehmen zugänglich zu machen (vgl. Mast 2010: 234).

Typische Medien sind betriebsinterne Netze wie Social Web Anwendungen im Intranet (vgl. Einwiller / Landmeier 2012: 206), die sich hervorragend für die vernetzte Kommunikation eignen (vgl. Herbst 2011: 169). Diese enthalten vielfältige Informationsangebote und ermöglichen Kommunikationsverbindungen. Allerdings muss der Nutzer aktiv werden und wissen, was er benötigt. Somit muss eine Motivierung zur Nutzung seitens der Mitarbeiterkommunikation erfolgen (vgl. Mast 2010: 235).

2.5 Kommunikationsinstrumente

Die Instrumente der Mitarbeiterkommunikation lassen sich hinsichtlich unterschiedlicher Dimensionen klassifizieren wie nach der Form in mündlich, schriftlich, elektronisch bzw. digital, nach der Richtung des Informationsflusses in Abwärts- und Aufwärtskommunikation sowie horizontale Kommunikation oder der zu erreichenden Zielgruppengröße in Einzelperson, Gruppe, Gesamtbelegschaft (vgl. Einwiller / Klöfer / Nies 2008: 238; Mast 2010: 236; Einwiller / Landmeier 2012: 206). Im Folgenden werden die Kommunikationsinstrumente nach der Dimension „Form" näher dargestellt:

2.5.1 Instrumente der mündlichen Kommunikation

Dadurch, dass die Instrumente der mündlichen Kommunikation gleichzeitig Funktionen wie Information, Interaktion, Interpretation und Beeinflussung wahrnehmen, sind diese den beiden anderen Formen überlegen, sobald intensive Kontakte aufgebaut, komplexe Inhalte vermittelt und Gesprächspartner überzeugt werden sollen (vgl. Mast 2010: 240 f.; Schick 2010: 215; Herbst 2011: 176). Insgesamt steigt die Bedeutung der Face-to-Face-Kommunikation (vgl. Kinter et al. 2009: 44 f.; Mast 2010: 240 f.; Schick 2010: 215; Herbst 2011: 176) und das richtig eingesetzt und durchgeführte persönliche Gespräch ist die wirksamste und effizienteste Kommunikationsform (vgl. Clampitt 2010: 102 - 115; Mast 2010: 240 f.). Daher muss nach Mast (2010: 241) und Einwiller und Landmeier (2012: 207) die persönliche Kommunikation im Zeitalter des Social Webs eine besondere Beachtung erfahren.

Spezifische Vorteile der persönlichen Kommunikation sind demnach die Möglichkeit zu: direktem Feedback und Dialog (vgl. Schick 2010: 51; Mast 2010: 240), einer individuellen Differenzierung, großer Emotionalität und Vertraulichkeit (vgl. Schick 2010: 51). Nachteile liegen im Zeitaufwand, den unterschiedlichen Gesprächsverläufen, der Abhängigkeit von der Qualität des Vermittlers und in der fehlenden Möglichkeit der Archivierung von Informationen (vgl. Schick 2010: 51).

2.5.2 Instrumente der schriftlichen Kommunikation

Die schriftlichen bzw. gedruckten Instrumente sind von elektronisch, digitalen Instrumenten nicht immer zu trennen und das ist auch nicht zwingend notwendig (vgl. Mast 2010: 239; Einwiller / Landmeier 2012: 207). In der Mitarbeiterkommunikation geht der Trend zur integrierten und crossmedialen Kommunikation (vgl. Einwiller / Landmeier 2012: 207). Unternehmen greifen beispielsweise die Inhalte der Mitarbeiterzeitung im Intranet oder Social-Media-Anwendungen auf oder vertiefen diese (vgl. Mast 2010: 239).

Nach dem Intranet gelten die Zeitschriften und gedruckten Dienste als zweiter Kernbereich der Mitarbeiterkommunikation (vgl. Mast 2010: 239). Deren Leistungen verlagern sich von der aktuellen Information über das Unternehmensgeschehen, was heute die schnellen elektronischen Medien wahrnehmen, hin zur Vermittlung von Hintergründen und Zusammenhängen, zur Bewertung und Analyse von Problemthemen und zur emotionalen Bindung der Mitarbeiter an das Unternehmen (vgl. Burkhardt / Kircher 2008: 49; Mast 2010: 239).

Es fehlen allerdings Kontakt und Rückmeldung (vgl. Herbst 2011: 183) bzw. Dialogmöglichkeiten sind begrenzt (vgl. Schick 2010: 51). Sichtbares können diese nur schwer verdeutlichen und keine Gefühle transportieren, d.h. die Wirkung der Informationen ist nicht zu erkennen (vgl. Herbst 2011: 183). Überschreitet die Textlänge zwei bis drei Seiten sind laut Mast (2010: 239) die gedruckten Medien den elektronischen überlegen. Stattfinden sollte eine optimierte Nutzung der gedruckten Medien entsprechend ihrer Medieneigenschaften und eine gegenseitige Vernetzung (vgl. Mast 2010: 239). Insgesamt besitzt die gedruckte Mitarbeiterzeitung laut dem Trendmonitor „Interne Kommunikation" von scm (2011: o.S.) und Einwiller und Landmeier (2012: 207) innerhalb der Unternehmen einen sehr hohen Stellenwert. Mast (2010: 239) spricht den gedruckten Medien die Rolle des Wegweisers oder Navigators in der Mitarbeiterkommunikation zu.

Spezifische Vorteile im Vergleich zu direkten persönlichen Kommunikation sind demnach: die Archivierbarkeit der Informationen, der niedrige zeitliche Aufwand pro Empfänger, die Schaffung eines einheitlichen Informationsstands, die schnelle Information bei großen Zielgruppen sowie das Emotionalität begrenzt möglich ist (vgl. Schick 2010: 51). Nachteilig ist, dass keine individuelle Differenzierung möglich ist, der Dialog nur begrenzt möglich ist, der hohe Abstimmungsaufwand, die Papierflut sowie hohe Produktions- und Transportkosten (vgl. Schick 2010: 51).

2.5.3 Instrumente der elektronischen Kommunikation

Im Folgenden wird auf die für die Untersuchung bedeutenden Social-Media-Anwendungen eingegangen. Diese können sowohl selbständige Anwendungen innerhalb der Mitarbeiterkommunikation sein als auch im Intranet eingebettet werden (vgl. Einwiller / Landmeier 2012: 207). Das Intranet ist aufgrund seiner Aktualität und Flexibilität in vielen Unternehmen das Leitmedium der Mitarbeiterkommunikation (vgl. Mast 2010: 236 f.). Daher wird dieses im Folgenden näher betrachtet.

Das Intranet entwickelt sich aktuell zum internen Social Web bzw. Social Intranet. In dieses können verschiedene interaktive und partizipative Social-Media-Anwendungen integriert werden. Dazu zählen Corporate Weblogs, Wikis, Bookmarks, Pod- oder Vodcasts (vgl. Wolf 2011: 15 - 39; Einwiller / Landmeier 2012: 207 f.). Als unternehmensweite Plattform bietet das Social Intranet vielfältigste Kommunikations- und Kollaborationsmöglichkeiten, die Mitarbeiter besser informiert, motiviert und zusammen arbeiten lässt (vgl. Wolf 2011: 8). Die soziale Komponente ergibt sich aus der Möglichkeit der interaktiven und dynamischen Vernetzung der Mitarbeiter als Kennzeichen des Social Web (vgl. Eck 2010: 19; Mast 2010: 235 - 237 f.; Einwiller / Landmeier 2012: 207 f.). Die Inhalte können durch deren integrative Bestandteile, wie Verlinkungen und der Offenheit gegenüber anderen, rasant verbreitet werden und dadurch einen schnellen Aufbau von Informations- und Beziehungsnetzen ermöglichen (vgl. Mast 2010: 235 - 237 f.; Einwiller / Landmeier 2012: 207 f.). Die ehemalig statische Informations-Plattform entwickelt sich somit zu einer dynamischen Interaktions-Plattform, wobei wichtig ist, dass dies je nach Unternehmen und -kultur in unterschiedlichem Maß und unterschiedlicher Geschwindigkeit erfolgt (vgl. Einwiller / Landmeier 2012: 208). Dieses Social Intranet kann aufgrund seiner Bereicherung um partizipative Social Media laut Einwiller und Landmeier (2012: 208) zur Bewältigung vieler der dargestellten Aufgaben sowie zur Zielerreichung der Mitarbeiterkommunikation einen Beitrag leisten. Zudem sieht Schick (2010: 195 - 197) die Aufgabe der Weiterentwicklung des Intranets als vielschichtige Aufgabe mit großem Potential für schnellere, bessere und kostengünstigere Prozesse und der daraus resultierenden Aufgabe der Neuausrichtung des internen Medienmix.

Die Social-Media-Anwendungen weisen insgesamt einen stark dialogischen und partizipativen Charakter auf. Somit können diese vor allem in größeren wie auch räumlich verteilten Unternehmen, in denen eine persönliche Kommunikation nicht praktikabel ist, bedeutend zur Aufgaben - und Zielerreichung der Mitarbeiterkommunikation beitragen (vgl. Mast 2010: 241; Einwiller / Landmeier 2012: 297). Social-Media-Instrumente bieten laut Schick (2010: 195) die Möglichkeit einer dezentralen, hierarchieunabhängigen Kommunikation und zwar vor allem für den übergreifenden Wissens- und Erfahrungsaustausch. Schick (2010: 195) sieht zudem die Aufgabe diese Instrumente zur Weiterentwicklung der Unternehmens-, Führungs- und Kommunikationskultur bereitzustellen.

Spezifische Vorteile sind die schnelle Information großer Zielgruppen über große Distanzen hinweg (vgl. Schick 2010: 51) bzw. die schnelle Vermittlung zeitkritischer Informationen (vgl. Einwiller / Landmeier 2010: 208), die Dialogmöglichkeit, die Archivierbarkeit von Informationen, die Schaffung eines einheitlichen Informationsstands sowie niedrige Produktions- und Transportkosten gegenüber Print (vgl. Schick 2010: 51). Nachteile sind: der notwendige PC- bzw. Netzzugang von Kommunikationspartner, die Mail-Flut, die geringere Gestaltungsqualität gegenüber Print, die kaum vorhandene Möglichkeit von Emotionalität (vgl. Schick 2010: 51) und dass, große Textmengen am Bildschirm nicht gern gelesen werden (vgl. Mast 2010: 239; Schick 2010: 51).

Im Rahmen der Experteninterviews wird im Rahmen der Frage nach den aktuell eingesetzten Social-Media-Anwendungen auf diesen Aspekt eingegangen. Zudem wird untersucht, inwieweit die sozialen Medien die Face-to-Face-Kommunikation oder die Printmedien ersetzen oder ergänzen können.

Abschließend werden die Kommunikationsinstrumente der Mitarbeiterkommunikation nach Form und der Kommunikationsrichtung beispielhaft dargestellt. Einige Instrumente können mehrfach eingeordnet werden. Die für die Untersuchung relevanten Bereiche sind fett markiert.

Form / Richtung	**mündlich / persönlich**	**schriftlich / gedruckt**	**elektronisch / digital**
Abwärts-kommunikation	CEO-Rede, Einstellungsinterviews, Coaching, Mitarbeitergespräch zur Leistungsbeurteilung	Aushänge am Schwarzen Brett, Mitarbeiterzeitung, gedruckte Informationsblätter und -broschüren	Unternehmens-informationen im Intranet, **CEO-Blog**, Business-TV, elektronischer Newsletter, Pressespiegel, E-Mail
Aufwärts-kommunikation	Feedbackgespräch zw. Mitarbeiter und Vorgesetztem, spezielle hierarchiedurchlässige Dialogveranstaltungen	schriftliche Mitarbeiterbefragung, betriebliches Vorschlagswesen, Berichte, Notizen, Aktenvermerke, Kummerkasten,	**Kommentarfunktion im Blog**, elektronische Mitarbeiterbefragung, elektronisches betriebliches Vorschlagswesen, Feedback-E-Mail
Horizontal / Wechselseitig / dialogisch	Projektgruppen, Qualitätszirkel, bereichsübergreifende Teams, Seminare, informelle Gespräche	wechselseitiger Schriftverkehr	**interne Social-Media-Anwendungen wie Wikis, Blogs, Foren, soziale Netzwerke**, wobei diese ins Intranet eingebettet sein können. Videokonferenz, E-Mail-Austausch

Tabelle 1: Beispiele interner Medien nach Form und Kommunikationsrichtung
Quelle: eigene Darstellung in Anlehnung an Einwiller / Landmeier 2012: 206

Aus Sicht der Unternehmenskommunikation gilt es die geeigneten Kommunikationswege für das spezielle Thema oder Anliegen zu finden (vgl. Schick 2010: 50), wobei der Trend zur integrierten und crossmedialen Kommunikation geht (vgl. Kap. 2.5.2).

2.6 Forschungsstand im Zusammenhang mit Social Media

In den letzten Jahren sind zahlreiche Studien, Bücher und neue Erkenntnisse zum Thema Social Media in der Mitarbeiterkommunikation erschienen. Allerdings bezieht sich eine Vielzahl dieser auf das Wissensmanagement und die digitale Informationsvermittlung. Der Forschungsstand hinsichtlich der Anwendung von dialogorientierten Social-Media-Anwendungen, die vor allem auf die Befriedigung der kommunikativen Bedürfnisse der

Mitarbeiter zielen, ist wenig berücksichtigt. Die folgenden Studien bieten einen Überblick über den aktuellen Stellenwert von Social Media in der Mitarbeiterkommunikation:

Die wichtigsten Themen laut dem Trendmonitor „Interne Kommunikation" (scm 2011) bleiben wie auch im Vorjahr der Auf- und Ausbau des Intranets sowie der Social Media-Aktivitäten. Die Nutzung und der Ausbau neuer Medien beschränken sich allerdings auf Soziale Netzwerke und sind unternehmensgrößenabhängig.

Die Befragung von 52 börsennotierten Unternehmen zum Thema Corporate Publishing bestätigte die hohe Verbreitung des Intranets mit 81 Prozent. Darauf folgten die Mitarbeiterzeitung und -magazin mit 78 Prozent. Zudem gaben etwa ein Viertel der Befragten an E-Magazine einzusetzen. Zurückhaltend wurden zum Zeitpunkt der Befragung, Anfang 2009, Social Media wie Podcasts, Weblogs und Microblogs, Videoplattformen, Messenger oder Mobile Applications genutzt. Deren zukünftige Bedeutung wurde als sehr positiv eingeschätzt (vgl. Einwiller / Landmeier 2012: 207).

Die Verbesserung des Intranetangebots und damit die Einführung und Nutzung von Social Web Anwendungen sehen 30 Prozent der DAX-Unternehmen im Jahr 2009 als oberstes Vorhaben in der Mitarbeiterkommunikation (vgl. Mast 2010: 134). Die Ergebnisse der Online-Befragung JP KOM im Jahr 2010 (vgl. Pfannenberg 2011: 13) und des Trendmonitors „Interne Kommunikation“ (vgl. scm 2011) stützen die oben dargestellten Ergebnisse.

2.7 Zusammenfassung

Zusammenfassend lässt sich festhalten, dass in der Kommunikation mit den Mitarbeitern zunächst die Unterscheidung zwischen der reinen Information und der Kommunikation wichtig ist, wobei die Kommunikation zugleich die Information, gegenseitigen Austausch und Verständnis umfasst. Im Gegensatz zur Mitarbeiterinformation bezieht die –kommunikation somit im Sinne einer wechselseitigen Einflussübung die Sichtweisen und aktive Teilnahme aller Beteiligten jeglicher Hierarchiestufen, in sämtlichen Funktionen und Standorten ein. Die Untersuchung fokussiert die Mitarbeiterkommunikation. (vgl. Kap. 2.1)

Oberstes Ziel der Mitarbeiterkommunikation ist es zum Erreichen der Unternehmensziele beizutragen. Durch Mitarbeiterkommunikation werden somit Unternehmenswerte geschaffen. Die für die Untersuchung bedeutenden Ziele sind Informationsziele, Beziehungsziele, Identitätsziele und Motivationsziele. Letztgenannte finden Berücksichtigung, weil einem

Motivationsmanagement eine besondere Bedeutung zur Erreichung der Beziehungs- und Identitätsziele zukommt. Informationsziele gelten als Basisfunktion in der Kommunikation mit den Mitarbeitern und sollen durch die Bereitstellung von Informationen eine optimale Aufgabenerfüllung gewährleisten (vgl. Kap. 2.2.1). Beziehungsziele umfassen die Teilziele Interaktion und Partizipation, Identifikation und Loyalität (vgl. Kap. 2.2.2). Identitätsziele stehen in enger Verbindung mit den Beziehungszielen, da eine hohe Identifikation und Loyalität in Wechselwirkung mit der Unternehmenskultur stehen. Die Mitarbeiterkommunikation hat die Aufgabe die Unternehmenskultur im Unternehmen zu verbreiten und zu verankern (vgl. Kap. 2.2.3). Motivationsziele liegen am dichtesten am übergeordneten Ziel einen Wertschöpfungsbeitrag zu leisten und der Mitarbeiterkommunikation kommt die Aufgabe zu, die Motivation zielend auf eine Leistungserhöhung, die Bereitschaft Veränderungen mitzutragen oder Wissen zu teilen, zu steigern (vgl. Kap. 2.2.4). (vgl. Kap. 2.2)

Das Gelingen der analogen oder der für dieses Buch relevanten digitalen Mitarbeiterkommunikation ist abhängig von den strukturellen Gegebenheiten im jeweiligen Unternehmen, wozu die Wertschätzung der Mitarbeiterkommunikation, deren zielgerichtete systematische Planung und eine partizipative Unternehmenskultur gehören. Weitere unternehmensspezifisch anzupassende Grundsätze gelten als Basis für den Kommunikationserfolg wie z.B. Glaubwürdigkeit und Vertrauen, eine klare und verständliche Ausdrucksweise oder der Dialog im Sinne von offenem Meinungs- und Informationsaustausch. Die Aufgabe der Mitarbeiterkommunikation ist es, Kommunikationsplattformen bereit zu stellen und zum Dialog zu stimulieren. Ein regelmäßiges Feedback ermöglicht Korrekturen. (vgl. Kap. 2.3)

In der Mitarbeiterkommunikation kann zwischen den Kommunikationsinstrumenten der Abwärts- und Aufwärtskommunikation (vgl. Kap. 2.4.1 und Kap. 2.4.2) sowie der horizontalen Kommunikation (vgl. Kap. 2.4.3) unterschieden werden, welche alle für diese Studie von Bedeutung sind. Die informelle Kommunikation umfasst im Gegensatz zu vorgenannter den inoffiziellen und privaten Informations- und Meinungsaustausch zwischen den Unternehmensmitgliedern. (vgl. Kap. 2.4)

Die Kommunikationsinstrumente der Mitarbeiterkommunikation lassen sich in die mündlichen (vgl. Kap. 2.5.1), schriftlichen (vgl. Kap. 2.5.2) und elektronischen (vgl. Kap. 2.5.3) Instrumente unterteilen. Für die Untersuchung sind die elektronischen Instrumente und hierbei die Social-Media-Anwendungen von Bedeutung. Diese können sowohl selbständige Anwendungen innerhalb der Mitarbeiterkommunikation sein als auch im Intranet eingebettet werden. (vgl. Kap. 2.5)

Das Intranet ist aufgrund seiner Aktualität und Flexibilität in vielen Unternehmen das Leitmedium der Mitarbeiterkommunikation und entwickelt sich zum sogenannten Social Intranet. In dieses können verschiedene interaktive und partizipative Social-Media-Anwendungen integriert werden. Als unternehmensweite Plattform bietet das Social Intranet vielfältigste Kommunikations- und Kollaborationsmöglichkeiten, die Mitarbeiter besser informiert, motiviert und zusammen arbeiten lässt. Die soziale Komponente ergibt sich aus der Möglichkeit der interaktiven und dynamischen Vernetzung der Mitarbeiter als Kennzeichen des Social Web. Dieses Social Intranet kann einen wichtigen Beitrag zur Aufgaben- und Zielerreichung der Mitarbeiterkommunikation leisten. (vgl. Kap. 2.5.3)

Die Social-Media-Anwendungen weisen insgesamt einen stark dialogischen und partizipativen Charakter auf. Somit können diese vor allem in größeren wie auch räumlich verteilten Unternehmen, in denen eine persönliche Kommunikation nicht praktikabel ist, bedeutend zur Zielerreichung der Mitarbeiterkommunikation beitragen. Social-Media-Instrumente bieten zudem die Möglichkeit einer dezentralen, hierarchieunabhängigen Kommunikation und zwar vor allem für den übergreifenden Wissens- und Erfahrungsaustausch. Des Weiteren können Social Media demnach zur Weiterentwicklung der Unternehmens-, Führungs- und Kommunikationskultur genutzt werden. In Bezug zur Forschungsfrage ist dieser Aspekt wichtig, weil dieser verdeutlicht, dass die Social-Media-Anwendungen unter genannten Umständen als Ersatzmedium für die persönliche Kommunikation dienen können. Es liegt die Vermutung nahe, dass genau in dieser Situation die kommunikativen Bedürfnisse durch einen Social Media Einsatz besser befriedigt werden können. (vgl. Kap. 2.5.3)

Der Forschungsstand zum Thema Social Media in der Mitarbeiterkommunikation zeigt auf, dass in den vergangenen Jahren zwar zahlreiche Studien, Bücher und neue Erkenntnisse erschienen sind, diese sich allerdings vor allem auf das Wissensmanagement und die digitale Informationsvermittlung beziehen. Wenig Berücksichtigung fand der Forschungsstand hinsichtlich der Anwendung von dialogorientierten Social-Media-Anwendungen, die vor allem auf die Befriedigung der kommunikativen Bedürfnisse der Mitarbeiter zielen. Studien wie der Trendmonitor „Interne Kommunikation" (scm 2011) zeigen dennoch auf, dass der Auf- und Ausbau des Intranets sowie der Social Media-Aktivitäten eine wichtige Bedeutung zukommt, wobei sich die Nutzung und der Ausbau neuer Medien auf Soziale Netzwerke beschränkt und unternehmensgrößenabhängig ist. Zudem zeigen auch andere Studien, dass die zukünftige Bedeutung von Social Media als sehr positiv eingeschätzt wurde. (vgl. Kap. 2.6)

3 Social Media

Digitale Medien sind Bestandteil des gesellschaftlichen Alltags (vgl. Pleil 2012a: 17). In der Fachliteratur zum Thema Social Media werden häufig Schlagwörter wie Web 2.0, Social Web, Social Media, Social Software zitiert. Eine eindeutige begriffliche Klärung ist nicht immer gegeben. Der folgende Abschnitt definiert den Begriff Social Media und legt den in der Untersuchung verwendeten Terminus fest.

3.1 Begriffsdefinition

Tim O´Reilly prägte 2004 den Begriff Web 2.0 für eine Reihe von Veränderungen, welche die Geschäftsmodelle, Prozesse der Softwareentwicklung und Nutzungspraktiken des Internets betreffen (vgl. Schindler / Liller 2011: 4). Das Social Web ist ein Teilbereich des Webs 2.0 bestehend aus webbasierten Anwendungen, auch Social Software,

> die für Menschen den Informationsaustausch, den Beziehungsaufbau und deren Pflege, die Kommunikation und die kollaborative Zusammenarbeit in einem gesellschaftlichen oder gemeinschaftlichen Kontext unterstützen sowie die Daten, die dabei entstehen und den Beziehungen zwischen den Menschen, die diese Anwendungen nutzen. (Ebersbach / Glaser / Heigl 2011: 35)

Dieses beeinflusst im Sinne partizipativer, interaktiver Formen der Kommunikation und Interaktion im Internet Organisationen in vielfältiger Weise und eröffnet zahlreiche Möglichkeiten der Kommunikation und Interaktion in wirtschaftlichen, politischen, gesellschaftlichen und privaten Zusammenhängen (vgl. Welker / Zerfaß 2008: 12; Zerfaß / Sandhu 2008: 285).

Der Begriff Social Software fokussiert stark auf die Technologie. Wohingegen der Begriff Social Media bzw. soziale Medien vor allem die Werkzeuge und Infrastrukturen für Nutzerpartizipation, das Schaffen und Verbreiten von nutzergenerierten Inhalten und den Aspekt der Kommunikation betonen (vgl. Münker 2011: 38 f.). Letztgenannter wird daher in diesem Buch als Terminus verwendet.

Laut dem Bundesverband Informationswirtschaft, Telekommunikation und neue Medien e.V. werden unter Social Media sämtliche Online-Plattformen und -Applikationen verstanden, die den Austausch von nutzergenerierten Inhalten wie beispielsweise Fotos, Videos, Texte oder Kommentare ermöglichen. Blogs, Mikroblogs, Wikis, Soziale Netzwerke, Plattformen zum Mediasharing und Social Bookmarking sowie Foren sind verschiedene Formen sozialer Medien (vgl. BITKOM 2011: 5).

3.2 Nutzungsweise

Innerhalb der Gruppe der Social Media Nutzer gibt es große Unterschiede. Die empirisch nicht belegte 90-9-1 Regel von Nielsen besagt, dass im Social Web 90 von 100 Nutzern lediglich inaktive Zuschauer sind, 9 von 100 das Geschehen kommentieren und 1 von 100 schreibt (vgl. Schindler / Liller 2011: 6). Einer relativ kleinen Anzahl von aktiven Nutzern steht demnach eine relativ große Anzahl passiver Zuschauer gegenüber. Dennoch signalisiert der vergleichsweise kleine Anteil aktiver Nutzer von Social Media Angeboten eine wichtige Veränderung, da das Verfassen eines Weblog-Artikels oder deren Kommentierung, die Revision eines Textes wie auch das Einstellen und Verschlagworten von Videos unter anderem dem persönlichen Identitäts-, Beziehungs- oder Informationsmanagement dient (vgl. Schmidt 2008: 27).

Im Rahmen dieser Studie werden zwei der aktuell einflussreichsten Typologien vorgestellt: die ARD/ZDF- Onlinestudie und die Forrester-Nutzertypologie. Die Art der Nutzung wird neben den persönlichen Motivatoren, Charaktereigenschaften auch im Wesentlichen von technischen Aspekten wie der Art und der Geschwindigkeit des Internetzugangs beeinflusst. Die technischen Aspekte sollen in dieser Untersuchung ausgeklammert werden. Die Typologisierungen verdeutlichen, dass sich Social Medianutzer in der Art der Nutzung der sozialen Medien unterscheiden. Somit unterscheiden sich diese ebenfalls von Mitarbeiter zu Mitarbeiter, was die Relevanz für die Untersuchung begründet. Im Folgenden werden die beiden vorgenannten Typologien vorgestellt.

3.2.1 Mediennutzertypologie 2.0 nach ARD/ZDF- Onlinestudie

Online-Nutzer werden in dieser OnlineNutzerTypologie (ONT) unterteilt in aktiv-dynamische und selektiv-zurückhaltende Nutzer. Von 2004 bis 2008 waren beide Gruppen in etwa gleich stark vertreten (vgl. ARD/ZDF- Onlinestudien 2004 - 2008). Die Nutzer von Social Media sind eine spezielle Gruppe von Mediennutzern, die sogenannten Mediennutzer 2.0, die in Lebensstilgruppen eingeteilt wurden und laut der für die Bundesrepublik repräsentative MNT- Justierungsstudie 2006 über folgende Grundcharakteristika verfügen (vgl. ARD/ZDF- Onlinestudie 2009):

1. **Junge Wilde**: hedonistisch, materialistisch, Konsumorientierung, persönliche Zwecke, Egozentrik, adoleszentes Basisverhalten, Selbstunsicherheit, 2. **Zielstrebige Trendsetter**: Pragmatische Idealisten und selbstbewusste Macher, breite Interessen, Erfolgsorientierung, Vollausschöpfung der Möglichkeiten der neuen Medien, 3. **Unauffällige**: Orientierung am Privaten, wenig Kontakte, passiv, übernehmen ungern Verantwortung, ökonomisch eingeschränkt, Trivialschema, starkes Bedürfnis nach Unterhaltung, Entspannung, Ablenkung, 4. **Berufsorientierte**: Starke Berufsbezogenheit, wenig Zeit für anderes, nüchtern, rational, Kulturfaible, eher ledig als verheiratet, 5. **aktiv Familienorientierte**: Familienmenschen, bodenständig, selbstbewusst, gut organisiert, clever und findig, dynamisch und lebendig, 6. **moderne Kulturorientierte**: (Ehemalige) kulturelle Avantgarde, unter anderem arrivierte „68er", intellektuellster Typ, hohes Aktivitätsniveau, medienkritisch, weltoffen, 7. **Häusliche**: Bedürfnis nach Sicherheit und Kontinuität im Alltag, eher traditionelle Wertvorstellungen und Rollenbilder, relativ enger Aktionsradius, häuslicher Rahmen wichtig, 8. **vielseitig Interessierte**: sehr breites Interessenspektrum, gesellig, aktiv, erlebnisfreudig, bodenständig, 9. **kulturorientierte Traditionelle**: eher konservativ und traditionell geprägtes Weltbild, häuslicher Radius ist wichtig, gleichzeitig aber auch (hoch-)kulturelle Aktivitäten und 10. **Zurückgezogene:** traditionell, häuslich, eher passiv, hohe Bedeutung von Sicherheit und Harmonie, gering ausgeprägte Interessen

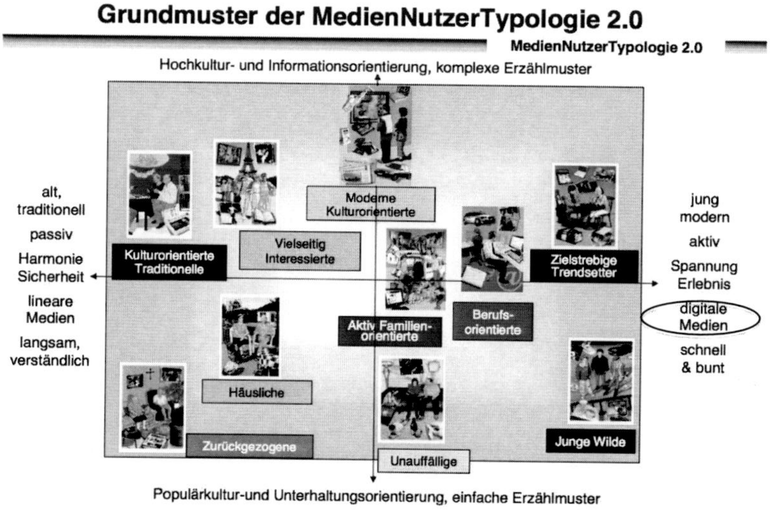

Abbildung 1: Grundmuster der Mediennutzertypologie 2.0
Quelle: Oehmichen 2008: 15

3.2.2 *Nutzertypologie nach Forrester*

Das Marktforschungsunternehmen Forrester Research untersuchte auf welche Weise sich Menschen im Netz engagieren bzw. den Grad der Mitwirkung im Social Web. Der Fokus liegt auf der Social Media Nutzung und den sich daraus ergebenden Verhaltensänderungen im Internet. Die Nutzer wurden nach dem Grad ihrer Beteiligung in Gruppen eingeteilt, wobei ein Nutzer auch Mitglied mehrerer Gruppen sein kann. Festgestellt wurde, dass die verschiedenen Nutzertypen unterschiedlich stark wachsen. Die Social Media Nutzung steigt nicht nur immer mehr, es verschieben sich ebenfalls die Gewichtungen bei der Mitwirkung. (vgl. Bernoff 2010; Schindler / Liller 2011: 24 - 28). Deutlich wird dies anhand der Erweiterung durch die neue Kategorie der „Conversationalists" (vgl. Schindler / Liller 2011: 24 - 28). Zudem wird in der Nutzertypologie auch die Verteilung zwischen aktiven und passiven Nutzern mit 68 % für die „Spectators" deutlich.

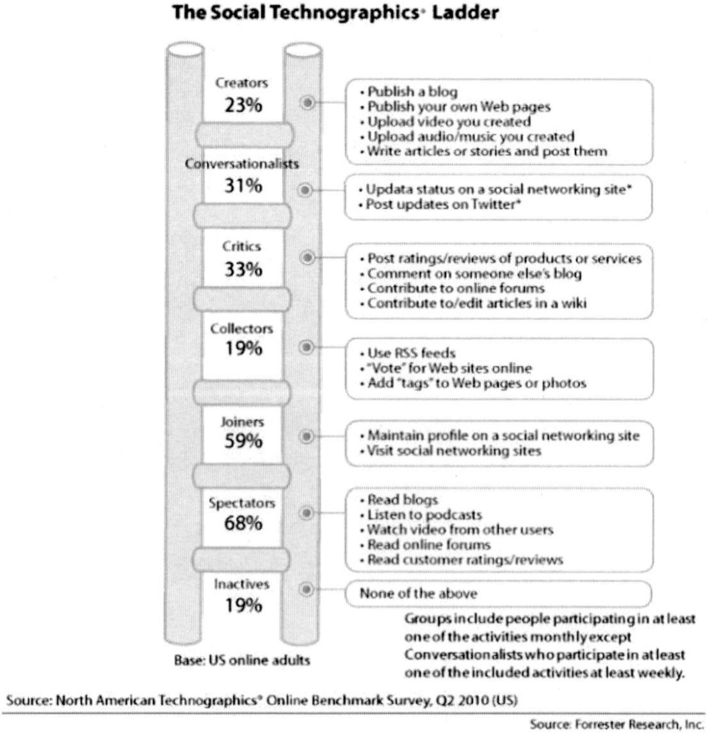

Abbildung 2: Nutzertypologie nach Forrester - The Social Technographics Ladder
Quelle: Rousseau-Andersson 2010

3.3 Prototypen nach technischem Aufbau

Es gibt diverse Systematisierungsvorschläge für Social Media und eine konsequente systematische Trennung ist kaum möglich. Gewisse Prototypen lassen sich bei einer Einteilung nach technischem Aufbau festhalten: Wikis, Blogs, Microblogs, Social Network Dienste, Social Sharing und Elemente, die auf zahlreichen Plattformen zu finden sind. Zunehmend gibt es Kombinationen dieser Prototypen, die als integrierte Plattformen bezeichnet werden (vgl. Ebersbach / Glaser / Heigl 2011: 37 - 39; Schmidt 2011: 25). Geeignet erscheint die Systematisierung für einen Überblick. Im weiteren Verlauf dieses Buches wird einer Systematisierung mit dem Fokus auf der Mitarbeiterkommunikation gefolgt.

Der Fokus von WikiWikiWebs oder kurz **Wikis** liegt auf der kollaborativen Erstellung von Texten. Das gemeinsame Schreiben von Inhalten ist das Ziel der Community. Im Mittelpunkt steht die Sache. Inhalte können schnell und einfach veröffentlicht werden und bearbeitet werden. Änderungen an den Seiten können nachverfolgt, da diese vollkommen transparent sind, und gegebenenfalls rückgängig gemacht werden. Der einzelne Autor ist kaum erkennbar. (vgl. Ebersbach / Glaser / Heigl 2011: 37; Schmidt 2011: 27 f.; Pleil / Rehn 2012: 297 f.)
Wikis sind insbesondere für die kollaborative Wissensproduktion geeignet wie z.B. innerhalb von Teams. In der externen Kommunikation sind Wikis zum Community-Building geeignet und können ggfls. eine Alternative zu Frequently Asked Questions (FAQ-)Bereiche auf Websites sein. (vgl. Pleil / Zerfaß 2007: 528; Pleil / Rehn 2012: 297)

(Web)-Blogs sind persönlich gefärbte Journale bzw. Nachrichtendienste, die häufig von Einzelpersonen erstellt und relativ regelmäßig oder tagesaktuell aktualisiert werden (vgl. Wright 2009: 39; Schmidt 2011: 26). Die Beiträge werden in umgekehrt chronologischer Reihenfolge angezeigt und können in der Regel von anderen Nutzern kommentiert werden (vgl. Pleil / Zerfaß 2007: 525 f.; Schmidt 2011: 26). Blogs können als Instrumente des Personal Publishings kategorisiert werden, da eine stärkere Betonung auf dem einzelnen Autor liegt (vgl. Wright 2009: 39; Schmidt 2011: 26).

Microblogs konzentrieren sich auf relativ kurze Short Message Service (SMS)-artige bzw. kurznachrichtendienstliche Botschaften, die über eine zentrale Plattform ausgetauscht werden und nicht direkt kommentiert werden können. Der bekannteste Dienst mit der größten Nutzergemeinde ist Twitter. Kennzeichnend für Microblogging-Plattformen

sind deren kommunikativer Charakter und in der Regel die kurze Aktualitätsspanne. (vgl. Ebersbach / Glaser / Heigl 2011: 37; Schmidt 2011: 26; Pleil 2012b: 267)
Nach Schmidt (2011: 26) zum Personal Publishing zählend. Für interne Anwendungen existieren Tools wie Yammer. Der Mehrwert von Twitter und anderen Social Media- Plattformen innerhalb der Organisation liegt in den Anwendungsmöglichkeiten: Monitoring, Infokanal, Kontaktaufbau, Vernetzung und Dialog, Mobilisierung. Die Nutzung von Twitter als Dialog- und Vernetzungsplattform zählt in begrenztem Rahmen zum Geschäftsalltag. (vgl. Pleil 2012b: 266 f.)

Social Network-Dienste und Netzwerkplattformen dienen dem Aufbau und der Pflege von Beziehungsnetzwerken beispielsweise im Freundes- und Bekanntenkreis ebenso wie bei Geschäftspartnern. Innerhalb eines durch Registrierung geschlossenen Raums besteht die Möglichkeit ein Profil anzulegen. Ausgehend davon können soziale Beziehungen zu anderen Nutzern aufgebaut und mit Hilfe des artikulierten Freundes- und Kontakt-Netzwerk auf der Plattform interagiert und navigiert werden. Dabei sind der Mensch und seine Beziehungen im Mittelpunkt und somit sind bei Social Networks Menschen gleichzeitig Mittel und Inhalt der Anwendung. Verschiedene Plattformen richten sich an spezifische Zielgruppen oder Facetten von sozialen Beziehungen wie beispielsweise Sportler oder Vegetarier. Beispiele bekannter Netzwerkplattformen sind Facebook oder XING. (vgl. Ebersbach / Glaser / Heigl 2011: 37; Schmidt 2011: 25; Pleil / Bastian 2012: 309)

Social Sharing, auch objektzentrierte Software, bezeichnet eine Gruppe von Anwendungen, welche die Bereitstellung oder den Tausch von digitalen Inhalten gewährleisten. Dazu gehören Videos, Bilder und Bookmarks. (vgl. Ebersbach / Glaser / Heigl 2011: 37)

Integrierte Plattformen bezeichnen die Kombination der einzelnen Prototypen wie beispielsweise ein Wiki mit einer Social Network Erweiterung (vgl. Ebersbach / Glaser / Heigl 2011: 37).

3.4 Motivation und Anreize der Nutzung

Die Verbreitung von Social Media steigt mit rasanter Geschwindigkeit (vgl. Kap. 1.1). Gleichzeitig ist die Akzeptanz bei den Nutzern sehr groß. Ebersbach, Glaser und Heigl (2011: 222 - 229) stellen die Triebkräfte und in diesem Zusammenhang die gesellschaftliche Bedeutung des Social Webs dar. Im Folgenden werden die Aspekte zur Motivation und Anreize dargestellt:

Wiederherstellung des Sozialen

Social Media mobilisiert Integrationskräfte und hilft Isolationstendenzen in fragmentierten Industriegesellschaften aufzuheben wie beispielsweise das Auflösen familiärer Bindungen, Freundschaftsbeziehungen, der Rückgang klassischer Familienstrukturen. Eine besondere Bedeutung kommt der Wiederherstellung und Aktualisierung zerstörter Beziehungen und Netzwerke zu. Der ortsunabhängige Aufbau neuer Beziehungen ist möglich. Es werden Fluchtpunkt, Spiel- und Kommunikationsmöglichkeiten geboten (vgl. Ebersbach / Glaser / Heigl 2011: 222 f.). Koch und Richter (2007: 143 f.) empfehlen eine Motivation mittels ein Anreizsystem wie z.B. Belohnung der Aktivität mit Punkten, um die Mitarbeiter genau in vorgenanntem Spieltrieb zu packen. Laut Ebersbach, Glaser und Heigl (2011: 223) werden Kommunikationsbarrieren und –hemmungen überwunden und Social Media hilft somit unabhängig vom Ort bestehende Netzwerke zu ergänzen oder aus zu engem Zusammenfinden gleichgesinnter Menschen mit ähnlichen Interessen auszubrechen.

Selbstinszenierung

Eine große Bereitschaft sich bewusst mit Profil in den sozialen Medien zu inszenieren, besteht aufgrund der Eitelkeit der Menschen. Es existieren Profilierungswünsche, die sich zusätzlich verstärken aufgrund der Konkurrenz der Menschen untereinander bzw. dem Druck zur Selbstvermarktung. Es ist die Möglichkeit sich „überhaupt einmal" mit Leistungen, Fähigkeiten und Interessen öffentlich darzustellen. Es bestehen Freiräume bzw. Enklaven für verdrängte Interessen und ignorierte Potentiale von Menschen. Es ist die Chance der Darstellung wie der Mensch sich selbst sehen möchte. Im Ergebnis sind es Kämpfe um Bedeutung und Anerkennung als Ausdruck gesellschaftlicher Mängel. (vgl. Ebersbach / Glaser / Heigl 2011: 224)

Die Mitwirkung in einem Social Media Projekt verschafft den Menschen an dieser Stelle fehlende private und, oder berufliche Anerkennung (vgl. Ebersbach / Glaser / Heigl 2011: 224 f.). Dieser Wunsch nach Anerkennung ist auch laut Koch und Richter (2007: 144) ein bedeutender Motivator zur Social Media Teilnahme und diese empfehlen daher eine Motivation durch Erhöhung der sozialen Präsenz wie z.B. umfangreiche Profilinformationen, das Herausheben besonderer Beiträge oder Zusammenfassen der beliebtesten Beiträge. Die Motivatoren laut Ebersbach, Glaser und Heigl (2011: 225) sind positives Feedback, schnelle Erfolge, Anerkennung und Beachtung. Social Media verfügen über integrierte Motivationsverfahren: Einfache, klare, transparente Regeln, die aber eine große Variationsbreite komplexer Interaktionen und Strategien erlauben. Individuelle Handlungsspielräume sind erweiterbar. Blogs, Wiki-Projekte und Online Social Networks entsprechen dem klassischen bürgerlichen Leistungsprinzip. Diese als gerecht und klar empfundene Werte werden umso attraktiver, desto ungleicher die Aufstiegschancen in der Gesellschaft sind (vgl. Ebersbach / Glaser / Heigl 2011: 225).

Unter Gleichen

Das Social Web schafft eigene Kulturen. Die Freisetzung von Kreativität, die Verflachung von Hierarchien, die Selbstverwirklichung und Selbstbestimmung scheinen verwirklicht. Es ist die örtlich unbegrenzte Schaffung einer neutralen Kommunikationsbasis für Gespräche über gemeinsame Projekte. Es besteht eine vermeintliche Unabhängigkeit von „sozialen Schubladen": Erst einmal sind die Leistung, Funktion und Rolle der Nutzer gefragt. Soziale und kulturelle Spannungen, klassische Diskriminierungen wie Rasse, Schichten, Geschlecht, und Alter spielen zunächst keine Rolle. Es werden gemeinsame kulturelle Codes, eine eigene Sprache und Auffassungen entwickelt. Die Menschen nehmen durch die Teilhabe im Social Web am öffentlichen Leben und Wirken teil, da sich theoretisch jeder Mensch, der über einen Internetzugang verfügt, erreichen lässt. (vgl. Ebersbach / Glaser / Heigl 2011: 225 f.)

Der spielerisch lernende Mensch

Es besteht eine Motivation dank Faszination der neuen Technik und dem Großgruppenphänomen. Praktische Hilfsmittel reduzieren Such- und Bestellzeiten und schaffen neue Zugänge. Social Media Angebote machen Spaß, werden ausprobiert und als Entertainment begriffen. Wichtiges Merkmal der Social Web Nutzer ist Humor und ein spielerischer Umgang mit Technologie. Es gibt eine gezielte Organisation von Neuem: Spannung, weil etwas passiert. Zudem ist die Beobachtung der Prozesse reizvoll: Seiten verändern sich, Erhalt von persönlichen Nachrichten, Möglichkeit anderen Menschen bei Kommunikation oder Aktivitäten zuzusehen. Die Attraktivität der Seiten ergibt sich aufgrund des nutzergenerierten Inhalts. Ein hoher Aktualitätsgrad verleitet dazu, Seiten immer wieder zu besuchen. Es besteht die Möglichkeit sich aktiv beteiligen zu können und zu sollen, selbst etwas zu wagen und ausprobieren. Das ist wichtig für die Dynamik und den Reiz des Webs. Gleichzeitig muss der Mensch sich selbst in den Social-Media-Anwendungen wiederfinden, abgebildet sein oder etwas beigetragen haben, was andere wertschätzen oder brauchen. Die Ergebnisse der Handlungen sind sofort sichtbar und das Werk wirkt zudem auf den Erschaffenden zurück. Die Einstiegshürden werden durch einen überschaubaren Aktionsraum gesenkt. Trotz der unüberschaubaren Vernetzung besteht das Social Web durch dessen Fragmentierung aus kleinen und überschaubaren komplexen Welten, die der Mensch konkret beeinflussen kann. Die zentrale Motivation zur Teilhabe im Social Web im Hinblick auf entfremdete gesellschaftliche Verhältnisse ist, dass der Mensch sich selbst als schöpferisch handelnden und teilhabenden Menschen erfährt. (Ebersbach / Glaser / Heigl 2011: 226 - 229).

Diese Aspekte sind wichtig für die Studie, weil diese verdeutlichen, warum der Mensch, also auch der Mitarbeiter, Social Media überhaupt nutzt. Vor diesem Hintergrund ist es der Mitarbeiterkommunikation möglich gezielt Anreize bzw. Motivatoren für einen aktiven Social Media Einsatz zu offerieren. Deren Nutzung seitens der Mitarbeiter ist im Rahmen der Forschungsfrage zunächst Voraussetzung, um untersuchen zu können, wie diese zu einer verbesserten kommunikativen Bedürfnisbefriedigung führen.

Dieser Aspekt wird im Rahmen der Experteninterview und der Frage, wie diese Mitarbeiter zur aktiven Teilnahme in den sozialen Medien motivieren aufgegriffen.

3.5 Social Media in der Mitarbeiterkommunikation

Der Mehrwert von Social Media in der Mitarbeiterkommunikation liegt in einer ehrlichen und authentischen Kommunikation und einem langfristigen ausgelegten Beziehungsaufbau (vgl. Iyilikci / Schmidt 2011: 79; Dörfel / Ross 2012: 114).

In diesem Kapitel wird zunächst die Notwendigkeit der Social Media Nutzung in der Mitarbeiterkommunikation diskutiert. Anschließend wird auf die Unternehmens-, Führungs- und Kommunikationskultur eingegangen sowie die Chancen, Herausforderungen und Risiken eines internen Social Media Einsatzes betrachtet. Die relevanten Social-Media-Anwendungen werden mit ihrem Nutzen dargestellt. Anschließend werden diese im Hinblick auf die zu erreichenden Informations-, Beziehungs-, Identitäts- und Motivationsziele zugeordnet.

3.5.1 Notwendigkeit der Nutzung

Vor dem Hintergrund der tiefgreifenden gesellschaftlichen und wirtschaftlichen Veränderungen, welche das Phänomen Social Media mit sich bringt (vgl. Dörfel / Ross 2012: 113; Pleil 2012a: 7) stellt sich die Frage, ob Unternehmen es sich leisten können, langfristig ohne eine Social Media Nutzung zu agieren.

Schönefeld (2009: 44) verdeutlicht, dass die Geschäfte von Unternehmen derart konfiguriert werden müssen, dass diese den neuen Voraussetzungen passfähig sind oder werden. Die Konfiguration muss demnach die veränderten Hoheitsverhältnisse berücksichtigen, die veränderten Geschäftsmodelle erkunden und deren Anwendbarkeit überprüfen, die verwischenden Grenzen als Chance für neue wertschöpfende Konfigurationen begreifen und die digitalen Technologien nicht als Kostenfaktor, sondern als integralen, notwendigen, quasi unsichtbaren Bestandteil jeder Geschäftstätigkeit verstehen. Zusammengefasst bedeutet dass, die Anpassung nach außen, nach innen und ein gesonderter Blick auf die Grenzübergänge, d. h. von außen nach innen und umgekehrt.

Die wirtschaftlichen Interessen eines Unternehmens stehen somit bei einem Social Media Einsatz im Vordergrund und nicht die Teilhabe an einem Trend. Schick (2010: 195) führt dennoch Gründe gegen eine Social Media Nutzung in der Mitarbeiterkommunikation an: 1. Das Unternehmen sieht keinen Nutzen und daher werden keine Ressourcen bereitgestellt. 2. Es fehlt die Aufgeschlossenheit gegenüber Neuem bzw. dem Ausprobieren von Neuem bei den Entscheidern. 3. Interesse und Bereitschaft der Mitarbeiter, derartige Funktionalitäten zu nutzen, sind begrenzt, weil z.B. kein individueller Internetzugang existiert, eine geringe Web-Affinität besteht, keine Zeit für „Spielereien" ist, eine Informationsüberflutung durch bereits vorhandene Medien vorhanden ist etc. 4. Die Social Media- Nutzung wird mehr ausgebremst denn gefördert.

Weitere Gründe gegen eine allgemeine Social Media Nutzung führt zudem die Studie „Social Media in deutschen Unternehmen" von BITKOM (vgl. 2012: 22) an: Von insgesamt 100 Prozent der Unternehmen gaben 39 Prozent an, Social Media nicht zu nutzen. 62 Prozent dieser Unternehmen begründen ihre Entscheidung damit, dass sie ihre Zielgruppe in Social Media nicht erreichen. Rechtliche Unsicherheiten, z.B. im Datenschutzrecht, im Arbeitsrecht oder im Urheberrecht belegen mit 50 Prozent den zweiten Platz der Gründe gegen einen Einsatz. Dieser Grund ist demnach jedoch für Großunternehmen mit mehr als 500 Mitarbeitern weniger abschreckend als für kleine und mittlere Unternehmen (KMU) mit 1 bis 499 Mitarbeitern, da erstgenannte vermutlich häufiger über eine Rechtsabteilung verfügen, welche die rechtlichen Rahmenbedingungen im Vorfeld klären bzw. auf diese hinweisen kann. 45 Prozent meinen, dass Social Media nicht zu ihrer Unternehmenskultur passt. Dies gilt demnach mit 68 Prozent insbesondere für die Industrie und das Baugewerbe, in denen vielfach die Einstellung vorherrscht, dass die eigene Unternehmenskultur, z.B. die internen Gepflogenheiten der Interaktion und Kollaboration, nicht zu denen des Social Webs passen. Zudem verfügen in Unternehmen dieser Branche oftmals nur ein Teil der Mitarbeiter über Arbeitsplätze mit Computer und Internetanschluss. Nicht ausschlaggebend war für die Mehrheit der Unternehmen der zu erwartende finanzielle und personelle Aufwand. Lediglich 28 bzw. 14 Prozent der Unternehmen gaben an, aufgrund von Befürchtungen vor zu hohen Kosten oder der Bindung von zu vielen Mitarbeiten Social Media nicht einzusetzen. Insbesondere für die Großunternehmen sind andere Gründe von Bedeutung: Nur 15 bzw. 8 Prozent der Großunternehmen gaben an, sich wegen des finanziellen oder personellen Aufwands gegen die Social Media Nutzung entschieden zu haben.

Laut Dörfel und Ross (2012: 114) werden, selbst wenn der Hype um die sozialen Medien abebbt und die aktuellen Plattformen ihre Bedeutung verlieren, zukünftige Kommunikationswege auf dieser Entwicklung aufbauen. Demnach müssen Unternehmen die klassischen Denkmuster durchbrechen, „um den Anschluss im globalen Wettbewerb nicht zu verpassen und Social Media für effiziente Kommunikation und Zusammenarbeit im Unternehmen nutzen zu können" (Dörfel / Ross 2012: 114). Abschließend ist zudem festzuhalten, dass vor allem jüngere Menschen, auch Digital Natives, selbstverständlich in ihrem Privatleben mit Blogs, Wikis und Social- Network Diensten kommunizieren, da sie mit diesen aufwachsen. Unternehmen müssen demnach ihren heutigen und auch zukünftigen Mitarbeitern diese modernen Kommunikationstools bieten, um von dieser Entwicklung zu profitieren und für den Nachwuchs attraktiv zu sein (vgl. Schick 2010: 195; Dörfel / Ross 2012: 113).

3.5.2 Unternehmens-, Führungs- und Kommunikationskultur

In der Literatur existieren zahlreiche Definitionen von Kultur und dem Begriff der Unternehmenskultur. Schick (2010: 125) versteht diese als „das unternehmensspezifische Repertoire an Verhaltensmustern mit dahinter stehenden Werten und Normen“, die geprägt werden durch z.B. Strategie, Nationalität oder Unternehmensgröße (vgl. auch Kap. 2.2.3). Als ein System mit geteilten Werten und Ansichten beschreiben Einwiller und Landmeier (2012: 211) diese. Im Kulturebenen-Modell von Schein wird den Führungskräften bei der Kulturausbildung und dessen Veränderung eine wichtige Rolle zugeschrieben (vgl. Hein 2008: 117). Deren vorgelebtes Verhalten setzt insbesondere bei der Bewältigung externer Einflüsse und Veränderungen Gruppenlernprozesse in Gang, die durch den Prozess der sozialen Validierung letztlich z.B. Fähigkeiten, Technologien und Wissen zum Bestandteil der Kultur werden lassen (vgl. Dörfel / Ross 2012: 117). Die Kommunikationskultur definiert Mast (2007: 761) als das System der unternehmensinternen Kommunikation, in welches Mitarbeiter und Führungskräfte eingebunden sind. Laut Schick (2010: 196) ist die aktuelle und angestrebte Unternehmens-, Führungs-, und Kommunikationskultur als entscheidende Rahmenbedingung beim Einsatz von Social Media zu berücksichtigen.

Zwischen den kulturellen Anforderungen von Social Media und der im Unternehmen vorhandenen Kultur ist eine Kompatibilität nicht automatisch vorhanden. Durch die Social Media Nutzung ist jetzt der Dialog in den Vordergrund getreten. Die oftmals noch vorherrschenden Aspekte wie proprietäres Wissen, strenge Hierarchien, lange Freigabeprozesse, Abwärtskommunikation sowie klassische Medienstrukturen stehen allerdings der Kommunikation unter Gleichen, also Peer-to-Peer, inklusive der Aspekte der erhöhten Transparenz, Echtzeit, Dialogorientierung und Partizipation gegensätzlich gegenüber. Der Social Media Einsatz greift aber nicht automatisch in die Unternehmenskultur ein und wandelt diese. Es sind die Unternehmen, welche die Kultur und Struktur wandeln müssen. (vgl. Dörfel / Ross 2012: 114; Iyilikci / Schmidt 2011: 73 und 78; Schick 2010: 196)

Das Gelingen der digitalen Kommunikation hängt unter anderem von einer partizipativen Unternehmenskultur ab (vgl. Kap. 2.3). Social Media ist demnach auch kein technisches, sondern ein kulturelles Thema. Es muss Kompatibilität zwischen dem Social Media Einsatz und der Unternehmenskultur geschaffen werden (vgl. Iyilikci / Schmidt 2011: 79; Pleil / Rehn 2012: 302). Iyilikci und Schmidt (2011: 79) weisen darauf hin, dass sich das volle Potential von Social Media für Unternehmen erst erschließt, wenn es aktiv und strategisch genutzt wird. Dafür ist es notwendig im Unternehmen einen Prozess anzustoßen, der Offenheit, Transparenz, Echtzeit und Vernetzung fördert sowie verlangt. Social Media muss demnach als Kulturwandel verstanden werden, der es ermöglicht Beziehungen besser, schneller und ort- sowie zeitunabhängig zu pflegen. Für einen Kulturwandel müssen im Modell von Schein die sogenannten Grundprämissen, welche nicht verhandelbar und Ausgangspunkt für Entscheidungen sind, geändert werden (vgl. Hein 2008: 88; Nerdinger / Blickle / Schaper 2011: 144 - 146). Diese implizieren Stabilität, haben allerdings gerade im Wandel wie beispielsweise beim neuen Einsatz von Social Media eine bremsende Wirkung (vgl. Hein 2008: 88; Dörfel / Ross 2012: 117).

Der Aspekt der Unternehmens-, Führungs- und Kommunikationskultur wird in den Experteninterviews mit der Frage aufgegriffen, wie die Social-Media-Anwendungen dazu beitragen können, diese weiterzuentwickeln und zu fördern, und zudem wird die aktuelle Kultur in den befragten Unternehmen ermittelt.

3.5.3 *Herausforderungen, Chancen, Risiken*

Eines der bedeutendsten Merkmale von Social Media sind die **Partizipations- und Interaktionsmöglichkeiten**. Die Funktionen untereinander sind wesentlich. Offene, interaktive, partizipative Plattformen ermöglichen es ohne großen Aufwand, sich mitzuteilen, auszutauschen oder passiv teilzunehmen. Die Grenzen zwischen internen Anspruchsgruppen und externen verwischen, sobald diese in Dialog treten. Die Rolle des Mitarbeiters als Botschafter bezeichnet diesen Aspekt (vgl. Zerfaß / Sandhu 2008: 285; Schick 2010: 196; Ebersbach / Glaser / Heigl 2011: 35 f.; Einwiller / Landmeier 2012: 203; Kap. 3.6.3). Diese hierarchiefreie Partizipation und Meinungsäußerung führt zu abnehmender, direkter Kontrolle über Themen und -interpretationen. Es gilt die Mitarbeiter im Sinne des Unternehmens zu überzeugen, da überzeugte Mitarbeiter teilweise die Kontrollhoheit wahren (vgl. Zerfaß / Sandhu 2008: 285; Schick 2010: 196; Ebersbach / Glaser / Heigl 2011: 35 f.; Einwiller / Landmeier 2012: 203).

In den sozialen Medien herrscht eine **stark erhöhte Transparenz** bzgl. Daten, Aktionen und Zusammenhängen. Theoretisch sind Äußerungen, deren Kommentierung und Verbreitung für unbegrenzte Zeit nachvollziehbar (vgl. Zerfaß / Sandhu 2008: 286; Ebersbach / Glaser / Heigl 2011: 35 f.; Tesch 2011: 20; Einwiller / Landmeier 2012: 202). Eine Gefahr besteht laut Tesch (2011: 20) in dieser Transparenz und der gezielten Desinformation. Demnach könnten Mitarbeiter sowie deren Interessenvertreter den Zugang zur medialen Kommunikation verwenden, um zielgerichtet Transparenz zu schaffen wie z.B. durch die Veröffentlichung von Themen, Beschlüssen oder vertraulichen Unternehmensinformationen. Einwiller und Landmeier (2012: 202) nennen in diesem Zusammenhang zudem die Gefahr von Reputations- und Vertrauensschädigung. Eine aktive Transparenz, die sich durch Offenheit und Zugänglichkeit auszeichnet, bietet demgegenüber das große Potential Reputation und Vertrauen zu stärken. Schick (2010: 196) betont demgegenüber, dass das Bereitstellen interner Social Media auch dazu beitragen kann, die Diskussion unternehmensinterner Vorgänge durch Mitarbeiter von externen auf interne Plattformen zu verlagern.

Aus der **One-to-Many wird die Many-to-Many-Kommunikation**. Die Nutzer erreichen mit ihren nutzergenierten Inhalten größere Gruppen von Menschen als vorher. Zudem ermöglichen in kollaborativer Arbeit produzierte Medien neue Kommunikationsformen, in der die Rolle zwischen Sender und Empfänger verwischt (vgl. Pfannenberg 2011: 8). Der Word-of-Mouth, das heißt mündlich oder von Mund-zu-Mund, verbreitet Informationen und Meinungen rasant im Netz (vgl. Li / Bernoff 2011: 130 f.; Pfannenberg 2011: 8). Tesch

(2011: 20) bezeichnet diesen Aspekt als „Gleich lange Spieße“. Das bedeutet, dass der Wechsel von der One-to-Many- zur Many-to-Many-Kommunikation in der Mitarbeiterkommunikation dafür sorgt, dass Mitarbeiter und Führungskräfte, Arbeitnehmervertreter und Stakeholder im direkten Unternehmensumfeld jetzt denselben Zugang zur aktiven Mediennutzung haben wie die Unternehmensleitung. Demnach sind die Mitarbeiter in der unternehmensinternen Meinungsbildung nicht mehr auf den Flurfunk sowie andere informelle Kommunikationswege angewiesen. Die Mitarbeiter verfügen somit über die neue Möglichkeit die unternehmensinterne Öffentlichkeit direkt über Foren und Blogs, in denen sie sich mit derselben Qualität wie die Unternehmensleitung unmittelbar äußern können, zu erreichen (vgl. Tesch 2011: 20). Es stellt sich an dieser Stelle die Frage, ob die sozialen Medien in Gänze den informellen Flurfunk ersetzen können. Dieser Aspekt wird im Rahmen der Experteninterviews aufgriffen.

Die **Media Richness**, also die Reichhaltigkeit von Social-Media-Anwendungen in Bezug auf die unmittelbaren Feedbackmöglichkeiten, Vielfalt der genutzten Kanäle, Personalisierungsmöglichkeiten und sprachliche Varietät, steigt. Die höchste Media Richness besitzen Face-to-Face-Dialoge, die geringste haben Briefpost und schriftliche Dokumentation. Medien mit hoher Richness, demnach auch Social-Media-Anwendungen, eignen sich somit für mehrdeutige Interpretationsaufgaben auch in der Mitarbeiterkommunikation (vgl. Pfannenberg 2011: 9). Eine Chance liegt im Bereich von **Feedback und Dialog**. Das Wissen und die Kompetenz der Mitarbeiter können durch den Wechsel zur Many-to-Many-Kommunikation leichter aktiviert werden. Durch Social Media kann die Mitarbeiterkommunikation laut Tesch (2011: 21) nicht mehr nur abwärts, sondern auch zwischen den Mitarbeitern, also horizontal, und aufwärts erfolgen.

Zudem erfordern **stark beschleunigte Kommunikationsprozesse** eine hohe Aufmerksamkeit und schnelle Reaktionsfähigkeit (vgl. Tesch 2011: 20; Einwiller / Landmeier 2012: 202) im Unternehmen durch den Zugang der bisherigen Zielgruppen zu den Medien und damit zur Öffentlichkeit (vgl. Tesch 2011: 20). Diese erfordert seitens der Unternehmensleitung die Kommunikation ihrer Beschlüsse oder eine zeitnahe Teilnahme an der Meinungsbildung. Erfolgt diese nicht, übernehmen andere diese Aufgabe in Blogs und Foren oder durch Informationen an Nachrichtenportale im Umfeld. Das Internet und Social Media haben hier die Erwartungen der Mitarbeiter an die Schnelligkeit von Kommunikation sowie Feedback erhöht (vgl. Tesch 2011: 20). Wichtig ist es hierbei mit der erforderlichen hohen Aufmerksamkeit und schnellen Reaktionsfähigkeit zu agieren. Insbesondere jene Mitarbeiter, die vom jeweiligen Vorfall betroffen sind, müssen schnell informiert werden, damit diese adäquat auf Nachfragen von Außenstehenden antworten können. Zudem wird häufig von Mitarbeitern gefordert, dass diese umfassend über Unternehmensvorgänge informiert sind. Insbesondere für Mitarbeiter mit Außenbeziehungen kann dies einen Wettbewerbsvorteil bieten, für z.B. ein erfolgreiches Agieren bei und mit Kunden und Geschäftspartnern (vgl. Einwiller / Landmeier 2012: 202).

Es kommt jedoch oftmals zur **Informationsüberlastung** der Rezipienten auch innerhalb von Unternehmen aufgrund der Explosion des Medienangebots, die eine Folge der vielfältigen digitalen Informations- und Kommunikationsmöglichkeiten ist (vgl. Einwiller / Landmeier 2012: 203). Es besteht die Gefahr, dass die Informationsfülle wieder zu Intransparenz, Überforderung und Frustration führt (vgl. Einwiller / Landmeier 2012: 209). Die Informationstätigkeit muss diesem Aspekt dennoch gerecht werden, indem eine schnelle Verfügbarkeit von arbeits- und entscheidungsrelevanten Informationen gewährleistet wird. Die Herausforderung der Mitarbeiterkommunikation liegt hierbei in der Herstellung der Balance zwischen Schnelligkeit, Transparenz und Vermeidung einer Informationsüberlastung (vgl. Einwiller / Landmeier 2012: 204). Dieser kann mit einer Personalisierung des Social Intranets sowie einer konsequenten Ausrichtung der Inhalte und Funktionen am jeweiligen Mitarbeiter sowie dessen Abfragen, Bedürfnissen und Anforderungen begegnet werden (vgl. Einwiller / Landmeier 2012: 209).

Des Weiteren bietet das Social Web für die Mitarbeiterkommunikation neue Möglichkeiten zur **Vernetzung von Medien** und **vielseitigeren und besser gestalteten Kommunikationsprozessen**. Von besonderer Bedeutung ist insgesamt die integrierte Verwendung der neuen Medien für Mitarbeiter und Führungskräfte und die Verbindung mit den klassischen Medien der Mitarbeiterkommunikation (vgl. Tesch 2011: 21 und Kap. 2.5.3).

Insbesondere um für den **Nachwuchs**, den sogenannten Digital Natives, attraktiv zu sein, müssen moderne Kommunikationstools, die für diese selbstverständlich sind, geboten werden (vgl. Schick 2010: 195; Dörfel / Ross 2012: 113).

Für einen erfolgreichen unternehmensinternen Social Media Einsatz gilt es abschließend laut Iyilikci und Schmidt (2011: 83) zu berücksichtigen: Unterschiedliche Botschaften, voneinander abweichende Strategien oder Markenversprechen werden sofort deutlich, gehen zu Lasten der Glaubwürdigkeit und schaden somit dem Unternehmen. Demnach erfordert der Social Media Einsatz eine engere Zusammenarbeit von PR, Marketing, Vertrieb und auch Human Resources (HR). Unternehmen, die sich für den Einsatz von Social

Media entscheiden, entscheiden sich somit für eine komplett neue Struktur und Arbeitsweise der Unternehmenskommunikation.

3.5.4 *Interne Social-Media-Anwendungen nach Nutzen*

Es existieren zahlreiche Social-Media-Anwendungen, die für die Mitarbeiter- und auch Führungskräftekommunikation zur Verfügung stehen. Für eine Darstellung derer mit ihren typischen Instrumenten bzw. Applikationen und dem entsprechendem Nutzen (vgl. Tesch 2011: 22 - 29): Microsite bzw. Project Landing Page, Media Center, Microblog bzw. „internes Twitter", Instant Messaging inklusive Webkonferenzen, Corporate bzw. Executive Blog, Team- und Pojektblog, Forum, Corporate Wiki, internes Social Network, Questions & Answers (Q&A)-Community, Prediction Market bzw. „Prognosemarkt" und Jam.

Das Erreichen der Informationsziele, d.h. für das Informationsmanagement, kann ein **Microblog** (vgl. Kap. 3.5.4.1) unterstützend sein. Das personalisierte Social Intranet (vgl. Kap. 2.5.3), d.h. das um soziale Applikationen erweiterte klassische Intranet, kann hierbei als zentrale Informations- und Kommunikationsplattform wesentliche Aufgaben übernehmen. **Wikis** (vgl. Kap. 3.5.4.2) und **Blogs** (vgl. Kap. 3.5.4.3) lassen sich sinnvoll für das Erreichen der Informationsziele einsetzen, dienen aufgrund ihrer Interaktions- und Partizipationsmöglichkeiten jedoch vorrangig dem Beziehungsmanagement (vgl. Einwiller / Landmeier 2012: 209). Die Beziehungs- und Identitätsziele lassen sich durch den Einsatz von internen Wikis, Blogs, **Foren** und sozialen Netzwerken, die als Hybridform interner und externer Kommunikation nach innen und außen wirken und im Rahmen der sich auf rein interne Social-Media-Anwendungen beziehenden Untersuchung nicht im Fokus stehen, fördern (vgl. Einwiller / Landmeier 2012: 209 ff.).

3.5.4.1 Microblog bzw. internes Twitter

Typische Instrumente: Tweets bzw. Kurznachrichten, Diskussion, Verlinkung und Hashtag, das bedeutet die Nennung von Schlagworten (vgl. Tesch 2011: 26; Ebersbach / Glaser / Heigl 2011: 84 f.). **Nutzen und Merkmale**: 1. Schnelle, prägnante Kommunikation über Kurznachrichten. Weitere Informationen über Verlinkungen (vgl. Tesch 2011: 22), 2. Wissensmanagement, Austausch der Mitarbeiter, Support des Produktmanagements über einen schnellen, internen Informationskanal (vgl. Tesch 2011: 22), Aufgabenkoordination, Unterstützung schneller Problemlösungen, Lieferung von Ereignisberichten, Ideen und Hinweisen (vgl. Ebersbach et al. 2011: 95), 3. Pflege interner Beziehungen, Entwicklung einer offenen Unternehmenskultur, 4. Interne Microblogging-Plattform ist z.B. Yammer oder Communote (vgl. Tesch 2011: 26; Ebersbach / Glaser / Heigl 2011: 95; Pleil 2012b: 267 und 277).

Im Microblog herrscht ein informeller Charakter der Kommunikation, wodurch z.B. das Management und die Teilnehmer von Projektteams einen Eindruck über das Stimmungsbild im Unternehmen und bei den einzelnen Mitarbeitern erhalten können: Anregungen, Kritik und Ideen werden leichter bis hin zum Management sichtbar (vgl. Tesch 2011: 27) und somit besteht die Möglichkeit diese aufzunehmen. Dieser informelle und pragmatische Charakter ist zudem vorteilhaft für die Kommunikation innerhalb überregionaler Projektteams, da mittels der Kategorisierung gezielt Kanäle von Abteilungen und Arbeitsgruppen angesprochen werden können (vgl. Ebersbach / Glaser / Heigl 2011: 95) wie z.B. die direkte Adressierung von aktuellen Aufgaben und Problemen in Projektteams (vgl. Tesch 2011: 27). Gleichzeitig trägt ein Microblog zur Transparenz bzw. Nachvollziehbarkeit von Entscheidungen der Führungskräfte bei, dadurch dass die Mitarbeiter die Entscheidungsprozesse zum einen verfolgen und zum anderen ggfls. mitgestalten können (vgl. Tesch 2011: 27).

3.5.4.2 Corporate Wiki

Typische Instrumente: Archiv, News bzw. Reports, Tags und Tag Cloud, Verlinkung (vgl. Tesch 2011: 23). **Nutzen und Merkmale**: 1. Effiziente (Selbst)-Organisation von Wissen, d.h. Wissenspool zu Unternehmens- und Projektthemen, der von Mitarbeitern bearbeitet und ergänzt werden kann, 2. Simultanes Editieren von Texten, Dokumenten und Präsentationen ohne Versionsabgleich (vgl. Tesch 2011: 23).

Innerhalb der Mitarbeiterkommunikation werden Wikis meistens als Instrumente des Wissensmanagements wahrgenommen (vgl. Tesch 2011: 23; Pleil / Rehn 2012: 300), wobei diese das Intranet ergänzen und einfach zugängliche Kommunikations- und Wissensräume schaffen können (vgl. Pleil / Rehn 2012: 300). Der flächendeckende Einsatz anstelle des klassischen Intranet wird laut Pleil und Rehn (2012: 300) gelegentlich diskutiert sowie praktiziert. Insbesondere wenn bislang kein Intranet vorhanden ist, kann ein Wiki sehr schnell und sinnvoll eingesetzt werden um z.B. auch Informationen und News einfach und unternehmensweit zu vermitteln und der Einsatz eines Wikis kann zudem auf Abteilungsebene sinnvoll sein, da dein Wiki zahlreiche Möglichkeiten der Wissenssammlung oder der Prozess- und Projektbegleitung offeriert (vgl. Pleil / Rehn 2012: 300) Zu bedenken ist demnach, dass die laufende Pflege eines Wikis einen hohen Grad an Disziplin aller Beteiligten sowie dessen Akzeptanz voraussetzt, denn trotz der Einbindung von RSS-Feeds fungieren Wikis oftmals als reines Pull-Medium, d.h. der Nutzer muss sich selbsttätig um das Beschaffen, Aktualisieren und Pflegen der Inhalte kümmern (vgl. Pleil / Rehn 2012: 300). Diesbezüglich und um eine Etablierung dessen als normalen Vorgang voranzutreiben, muss daher laut Pleil und Rehn (2012: 300) kontinuierliche Aufmerksamkeit erzeugt werden und die vorausgesetzten Anforderungen an den Inhalt hinsichtlich des Mehrwerts für den Nutzer wie z.B. Exklusivität, Qualität, Aktualität und Umfang von Informationen erfüllt werden. Laut Pleil und Rehn (2012: 301) müssen ex- und intrinsische Motivation durch Hervorhebung des Mehrwerts für die Arbeit des Nutzers gefördert werden, wodurch demnach die 90-9-1-Regel von Nielsen (vgl. Kap. 3.2) außer Kraft gesetzt und um ein Vielfaches verschoben werden kann, weil sich jeder einbringen kann. Vorteilhaft ist die Möglichkeit des simultanen Editierens der Inhalte ohne Versionsabgleich (vgl. Tesch 2011: 23; Pleil / Rehn 2012: 300).

3.5.4.3 Corporate Blog bzw. Executive Blog

Typische Instrumente: News bzw. Reports, Trackback, RSS-Feed, Verlinkung (vgl. Tesch 2012: 23). **Nutzen und Merkmale**: 1. Authentische, direkte und persönliche Information, 2. Herstellung von Nähe, Eröffnung von Dialogmöglichkeiten über Kommentarfunktion (vgl. Tesch 2011: 23), 3. Einsatz von Blogs in der Mitarbeiterkommunikation vor allem als Knowledge-Blog, Kollaborations- und Projekt-Blog sowie als Kampagnen- und Themen-Blog (vgl. Pleil 2012b: 243).

Die Anwendungsmöglichkeiten von Corporate Blogs können in sämtlichen Handlungsfeldern der Kommunikation, das heißt in der Mitarbeiterkommunikation, der Marktkommunikation und der PR eingesetzt werden. Die unterschiedlichen Ziele reichen von der Persuasion bis zur Argumentation (vgl. Pleil / Zerfaß 2007: 525; Pleil 2012b: 238 und 243). Weblogs besitzen im Vergleich zur klassischen Website ein größeres Potenzial für den Beziehungsaufbau, insbesondere weil Websites tendenziell einmalige Besucher anziehen. Ein Rückkanal ergibt sich durch die Kommentarfunktion. Hinsichtlich der langfristigen Zugänglichkeit von Beiträgen und der Suchmaschinenoptimierung ist zu erwähnen, dass Blogs durch das Hosten auf dem unternehmenseigenen Server unabhängig von Dritten sind. Eine der elementarsten Anforderungen an Blogs ist, dass diese kein offizielles Verlautbarungsorgan, sondern „als Angebot zu einem Gespräch von Mensch zu Mensch konzipiert sein [sollen]“ (Pleil 2012b: 243 f.).

3.5.4.4 Foren

Typische Instrumente: Diskussion, Kommentar und Bewertung, RSS-Feed (vgl. Tesch 2012: 23). **Nutzen und Merkmale**: 1. Foren sind eine typische Art von Community. Daneben zählen Empfehlungs-Communities, Social Networks, File-Sharing-Communities, virtuelle Welten und transaktionsbezogene Communities zu den typischen Community-Arten (vgl. Pleil 2012b: 309), 2. Förderung von Austausch, Zusammenarbeit und Aufbau von Beziehungen unter Mitarbeitern, 3. Identifikation von Subject Matter Experts (SMEs) (vgl. Tesch 2011: 23; Pleil 2012b: 309 f.)

Foren sind auch in der Mitarbeiterkommunikation einsetzbar (vgl. Ebner 2008: 27). In Foren kann sich jeder Nutzer gleichberechtigt an Diskussionen beteiligen und neue Diskussionen eröffnen, wobei diese als soziale Mixer fungieren (vgl. Pleil / Bastian 2012: 309). Kolb schildert zwei Beispiele, in denen der Einsatz von Foren in Unternehmen die Kommunikation zwischen Geschäftsführung und Mitarbeitern sowie zwischen Mitarbeitern deutlich verbessert hat (vgl. Kolb 2011: 281 - 285).

3.5.5 Interne Social-Media-Anwendungen nach Zielen

Vorweggeschickt wird, dass die Nutzung von Social Media nach Schmidt (2011: 73) dem persönlichen und organisatorischen Informationsmanagement, Beziehungsmanagement und Identitätsmanagement dient. Leitbilder und Kontext von Identitäts- und Beziehungsmanagement sind Individualisierung und vernetzte Individualität. Das Informationsmanagement wird dagegen durch Diagnosen wie Informations- und Wissensgesellschaft gerahmt (vgl. Schmidt 2011: 96). Einwiller und Landmeier (2012: 208) fügen ein Motivationsmanagement hinzu (vgl. Kap. 2.2; 2.2.4):

3.5.5.1 Informationsmanagement

Ein Informationsmanagement bezieht sich auf das Filtern, Selektieren, Bewerten und Verwalten jeglicher Informationen (vgl. Schmidt 2011: 96 - 104; Einwiller / Landmeier 2012: 208) und dient dem Erreichen der Informationsziele (vgl. Einwiller / Landmeier 2012: 208; Kap. 2.2.1).

Sehr gut geeignet sind digitale Kommunikationsinstrumente im Rahmen des Informationsmanagements insbesondere aufgrund der Möglichkeit der schnellen Übermittlung zeitkritischer Informationen, der Archivierbarkeit von rasant anwachsenden Datenmengen und der dauerhaften, ortsunabhängigen und umfassenden Bereitstellung sowie der Bewahrung von Wissen (vgl. Einwiller / Landmeier 2012: 208; Kap. 2.5.3). Neben anderen digitalen Kommunikationsinstrumenten wie E-Mail und Informationsdiensten können insbesondere ein *Social Intranet* (vgl. Kap. 2.5.3) als zentrale Informations- und Kommunikationsplattform wesentliche Aufgaben des Informationsmanagement übernehmen. Vorteilhaft ist, dass dieses flexibel und potentiell aktuell ist (vgl. Einwiller / Landmeier 2012: 209) und Informationen ohne hierarchische Barrieren sowie orts- und zeitunabhängig liefert (vgl. Mast 2010: 237; Einwiller / Landmeier 2012: 209). Zu vorgenanntem Aspekt führen Einwiller und Landmeier (2012: 209) zudem die Möglichkeit eines intranetgestützten Datenbanksystem für ein interaktives Informationssystem mit dauerhaftem Zugriff auf relevante Informationen und die Personalisierung des Social Intranets mit einer konsequenten Ausrichtung der Inhalte und Funktionen am Nutzer und dessen Abfragen, Bedürfnissen und Anforderungen an. Begegnet soll dadurch der Gefahr der Informationsüberlastung, die mit der oftmals stark erhöhten Transparenz der digitalen Kommunikationsinstrumente (vgl. Kap. 3.5.3) einhergeht (vgl. Einwiller / Landmeier 2012: 209). Von Bedeutung ist zudem die Integration einer Such-Funktion in die digitalen Instrumente zum einfachen Auffinden der Informationen, wobei eine sinnvolle Verschlagwortung bzw. Indexierung unterstützend ist, wie z.B. durch die Entwicklung einer Mitarbeiter-Folksonomy (Einwiller / Landmeier 2012: 209).

Wikis (vgl. Kap. 3.5.4.2) und *(Web-)Blogs* (vgl. Kap. 3.5.4.3) können zwar sinnvoll im Rahmen des Informationsmanagements eingesetzt werden, dienen laut Einwiller und Landmeier (vgl. 2012: 209) jedoch aufgrund deren Interaktions- und Partizipationsmöglichkeiten hauptsächlich dem im Folgenden dargestellten Beziehungsmanagement (vgl. Kap. 3.5.5.2) und werden daher an dortiger Stelle thematisiert.

3.5.5.2 Beziehungsmanagement

Ein Beziehungsmanagement umfasst die Pflege bestehender und das Aufbauen neuer sozialer Beziehungen (vgl. Schmidt 2011: 86 - 96; Einwiller / Landmeier 2012: 209). Es ist schwer vom folgenden Identitätsmanagement zu trennen, da die Referenzpunkte der Handlungskomponenten „Identität und Beziehung „ untrennbar miteinander verbunden sind (vgl. Schmidt 2011: 86). Insbesondere intern genutzte soziale Medien wie Wikis, Blogs und Foren können aufgrund ihres partizipativen und interaktiven Charakters zur Förderung desgleichen genutzt werden. Die Social-Media-Anwendungen fördern dabei durch ihren partizipativen und interaktiven Charakter den Austausch sowie das Knüpfen neuer Beziehungen. Gleichzeitig kann die Identifikation mit der Arbeit und dem Unternehmen durch diese stärkere Beteiligung und die Intensivierung der Beziehungen gestärkt werden (vgl. Einwiller / Landmeier 2012: 209 f.).

Wikis tragen zur Erleichterung des Austauschs, der Koordination und der Bewahrung von Wissen bei und können somit zur Erreichung von vorgenannten Informationszielen und Beziehungszielen beitragen (vgl. Einwiller / Landmeier 2012: 210). Diese ermöglichen z.B. dass Mitarbeiter eines Projekts stets aktuell informiert sind, sich gegenseitig informieren, austauschen und Hilfestellung geben können durch deren Möglichkeit Arbeitsprozesse laufend zu dokumentieren und zu aktualisieren und zwar orts- und zeitunabhängig, wodurch insbesondere in globalen Unternehmen und örtlich verteilten Projektteams die Kollaboration erleichtert und verbessert werden kann (vgl. Einwiller / Landmeier 2012: 210). Durch die dauerhafte Bereitstellung von Wissen, welches von den über das Wissen und die Expertise verfügenden Mitarbeitern erstellt wird, steht dieses auch bei einem Arbeitsplatzwechsel des Mitarbeiters weiterhin dem Unternehmen zur Verfügung (vgl. Einwiller / Landmeier 2012: 210).

Blogs können ebenfalls dazu dienen Beziehungs- und auch Informationsziele zu erreichen. Interaktivität ist in diesen vor allem über die Kommentarfunktion und über die Bezugnahme zwischen den Blogs möglich (vgl. Einwiller / Landmeier 2012: 210; Kap. 3.3 und 3.5.4.3). Für einen schnellen Austausch der Mitarbeiter untereinander im Rahmen von Projekten oder Arbeitsgruppen besteht auch die Möglichkeit des Einsatzes von Microblogging (vgl. Kap. 3.3 und 3.5.4.1). Im Rahmen der Mitarbeiterkommunikation erscheinen Knowledge-Blogs, Kollaborations- und Projektblogs sowie Themen- und Kampagnenblogs geeignet (vgl. Kap. 3.5.4.3). In den unternehmensinternen Blogs ist es möglich Meinungen zu Unternehmensthemen oder Erfahrungen im Rahmen von Projektarbeitsgruppen im Zeitverlauf zu dokumentieren, zu kommentieren und auf diese Weise transparent zu machen. Anschließend könnte ein kollektiver Problemlösungsprozess angeregt werden, in dem z.B. die Herausforderungen der Projektarbeit zur Diskussion gestellt werden. Das Projekt- und Unternehmensmanagement sollte die Anregungen der Mitarbeiter wertschätzend aufnehmen. Nehmen die Mitarbeiter diese Wertschätzung wahr, kann dies sowohl die Identifikation als auch die Loyalität positiv beeinflussen (vgl. Einwiller / Landmeier 2012: 210).

Unternehmensintern genutzte *Foren* (vgl. 3.5.4.4), die beispielsweise im Intranet eingebettet sein können, ermöglichen den Austausch und persönlichen Kontakt von Gleichgesinnten zu arbeitsbezogenen und auch privaten Themen. In diesen können Experten und Ansprechpartner für spezielle Themen oder Fragestellungen gefunden und kontaktiert werden. Die informelle Kommunikation steht an dieser Stelle im Vordergrund, wenn Mitarbeiter beispielsweise Verabredungen miteinander treffen, z.B. zur Betriebssportgruppe. Gefördert werden hierbei die eigenständige Koordination und der Austausch der Mitarbeiter untereinander. Das kann sich positiv auf den Aufbau und die Stärkung von Beziehungen sowie dem Wir-Gefühl im Unternehmen auswirken (vgl. Einwiller / Landmeier 2012: 210).

3.5.5.3 Identitätsmanagement

Ein Identitätsmanagement beinhaltet das Zugänglichmachen von Aspekten der eigenen Identität bzw. Person (vgl. Schmidt 2011: 76 - 85; Einwiller / Landmeier 2012: 211) und soll dazu beitragen die Unternehmenskultur zu stärken. Einen wichtigen Beitrag leisten hierbei die Instrumente des Beziehungsmanagements (vgl. Kap. 3.5.5.2). Denn dem persönlichen Identitätsmanagement sind die Eigenkommunikation und die Eigendarstellung der Mitarbeiter in internen Blogs und Foren ebenfalls dienlich. Dieser Aspekt wirkt in zweierlei Hinsicht: zum einen im Sinne der Bedürfnisse nach Selbstbefriedigung und sozialen Beziehungen und zum anderen wird das Unternehmen belebt, dadurch dass Mitarbeiter Einblicke in die Herausforderungen und Meinungen von anderen Mitarbeiter aus anderen Abteilungen oder Regionen erhalten. Insgesamt kann dies sehr förderlich auf die Stabilisierung eines System mit geteilten Werten und Ansichten, also der Unternehmenskultur, wirken (vgl. Einwiller / Landmeier 2012: 211).

Ein *CEO-Blog* zielt auf den Dialog mit den Mitarbeitern und ihre Integration bzw. Partizipation (vgl. Mast 2010: 237). Zudem kann dieser die Unternehmenskultur stärken. Die Unternehmensleitung hat die Möglichkeit durch einen eher lockeren Sprachgebrauch mit subjektiven Elementen, authentische Einblicke in deren Arbeit, Leitsätze, Werte sowie strategische Entscheidungen zu gewähren. Zudem kann eine mediale Bereicherung des Blogs mittels Podcasts, das bedeutet dem Angebot von Audio-Dateien, oder Vodcasts, das heißt dem Angebot von Video-Podcast bzw. Video-Dateien, erfolgen. Das Verständnis und die Verständigung unter den Mitarbeitern können erhöht und somit kann insgesamt eine Stärkung der Unternehmenskultur erfolgen, wenn das Management in Vodcasts über aktuelle, relevante Unternehmensthemen spricht. Für einen hierarchieübergreifenden Dialog sollten die Mitarbeiter motiviert werden, die Kommentarfunktion des Blogs zu nutzen. Flankierend können weitere wichtige Informationen zum Unternehmensstrategie, zur Historie und zu weiteren relevanten Themen im Intranet zur Verfügung gestellt werden (vgl. Einwiller / Landmeier 2012: 211).

Einwiller und Landmeier (2012: 211) benennen im Rahmen des Identitätsmanagements zudem den Aspekt des Mitarbeiters als Botschafter, dem in einem Mitarbeiter-Blog Rechnung getragen werden könnte. Dieses Buch beschäftigt sich mit rein unternehmensinternen Social-Media-Anwendungen, daher wird dieser Aspekt nicht weiter ausgeführt.

3.5.5.4 Motivationsmanagement

Ein Motivationsmanagement dient der Schaffung einer partizipativen Unternehmenskultur, die sich durch kommunikative Offenheit, direkte Kommunikationswege und der deutlichen Wertschätzung einer Partizipation auszeichnet (vgl. Einwiller / Landmeier 2012: 212).

> Der Erfolg des Beziehungs- und Identitätsmanagements hängt vor allem davon ab, dass im Unternehmen eine partizipative Kultur herrscht, die sich durch kommunikative Offenheit, direkte Kommunikationswege und die klare Wertschätzung einer Partizipation am Kommunikationsprozess auszeichnet. (Einwiller / Landmeier 2012: 212)

Für eine funktionierende Mitarbeiterkommunikation ist demnach die Unternehmenskultur (vgl. Kap. 3.5.2) sowohl Ziel als auch Voraussetzung. Die Motivation der Mitarbeiter in einen offenen und konstruktiven Dialog zu treten, wird bedeutend von der Unternehmenskultur beeinflusst. Demnach wird es Unternehmen, in denen eine autoritäre Kultur herrscht, vorrangig eine Abwärtskommunikation und keine Wertschätzung der Mitarbeiterbeteiligung erfolgt, schwerer fallen, die Mitarbeiter für einen Dialog zu motivieren (vgl. Einwiller / Landmeier 2012: 212).

Partizipative Social-Media-Anwendungen wie Blogs sollten laut Einwiller und Landmeier (2012: 212) vor allem genutzt werden, wenn diese für die beteiligten Mitarbeiter entweder einen echten Nutzen stiften wie beispielsweise spürbar vereinfachte oder angenehmere Arbeitsabläufe oder diese ein Bedürfnis befriedigen. Die Beteiligung in den sozialen Medien sollte demnach insgesamt mehr intrinsisch, also die Motivation, die der Mitarbeiter aus seiner Tätigkeit selbst erhält, als extrinsisch, also von außen z.B. durch Weisung, motiviert sein. Die Mitarbeiterkommunikation kann demnach einen Beitrag leisten, die Wertschätzung von Partizipation und Kollaboration zu verdeutlichen, in dem beispielsweise erfolgreiche oder besonders aktive Blogs in anderen internen Medien wie der klassischen Mitarbeiterzeitung oder im genannten CEO-Blog lobend erwähnt oder ausgezeichnet werden. Zudem können mittels Incentivierung bzw. Anreizen die Motivation zur Partizipation erhöht werden. Dabei ist darauf zu achten, dass die externen Anreize nicht zu groß sind, um die intrinsische Motivation zu erhalten. Ein weiterer Aspekt betrifft die Schulung der Mitarbeiter hinsichtlich der neuen sozialen Medien. Wie bereits im Kapitel 3.2 dargestellt, gibt es große Unterschiede zwischen den unterschiedlichen Mediennutzern, also Mitarbeitern. Demnach müssen die Mitarbeiter durch Schulungen in die Lage versetzt werden, sich mit Social-Media-Anwendungen wie Blogs und Foren auseinanderzusetzen (vgl. Einwiller / Landmeier 2012: 212).

3.6 Zusammenfassung

Das Social Web besteht aus Social Media, die für Menschen den Informationsaustausch, den Beziehungsaufbau und die -pflege, die Kommunikation sowie die kollaborative Zusammenarbeit in einem gesellschaftlichen oder gemeinschaftlichen Kontext unterstützen und den dabei entstehenden Daten sowie den Beziehungen zwischen den Menschen, die Social Media nutzen. Im Sinne partizipativer, interaktiver Formen der Kommunikation und Interaktion beeinflusst dieses Organisationen in vielfältiger Weise und eröffnet zahlreiche Möglichkeiten der Kommunikation und Interaktion in wirtschaftlichen, politischen, gesellschaftlichen und privaten Zusammenhängen. Social Media umfassen sämtliche Online-Plattformen und -Applikationen, die den Austausch von nutzergenerierten Inhalten ermöglichen wie Blogs, Mikroblogs, Wikis, Soziale Netzwerke, Plattformen zum Mediasharing, Social Bookmarking und Foren. Dieser Aspekt ist wichtig für die Studie, weil dieser die Definition und Erläuterung von Social Media beinhaltet. (vgl. Kap. 3.1)

Im Rahmen der Untersuchung werden zwei der aktuell einflussreichsten Nutzertypologien, die ARD/ZDF- Onlinestudie (vgl. Kap. 3.2.1) und die Nutzertypologie nach Forrester (vgl. Kap. 3.2.2), vorgestellt. In Bezug zur Forschungsfrage ist dieser Punkt wichtig, weil die Typologisierungen verdeutlichen, dass Nutzer, also damit auch Mitarbeiter, sich in der Art der Nutzung der sozialen Medien unterscheiden. (vgl. Kap. 3.2)

Einen guten Überblick über Social-Media-Anwendungen bieten die folgenden Prototpyen nach technischem Aufbau: (Web-)Blogs, Microblogs, Social Network-Dienste und Netzwerkplattformen, Social Sharing und Integrierte Plattformen. Anschließend wird einer Systematisierung mit Fokus auf der Mitarbeiterkommunikation gefolgt. (vgl. Kap. 3)

Die Frage nach der Motivation und der Anreize der Social Media Nutzung für Menschen, und damit auch Mitarbeitern, bieten die folgenden Aspekte: 1. Wiederherstellung des Sozialen, wonach Social Media unter anderem Integrationskräfte mobilisiert und hilft Isolationstendenzen in fragmentierten Industriegesellschaften aufzuheben. 2. Selbstinszenierung, wodurch der Mensch seine Eitelkeit und Profilierungswünsche ausleben kann, indem er die Möglichkeit der sozialen Medien nutzt, sich z.B. mit Leistungen oder Fähigkeiten öffentlich darzustellen. 3. Der Mensch fühlt sich unter Gleichen z.B. die Verflachung von Hierarchien, die Selbstverwirklichung und Selbstbestimmung scheinen zunächst verwirklicht. 4. Der spielerisch lernende Mensch ist fasziniert aufgrund der neuen Technik und des Großgruppenphänomens. Social Media machen Spaß, werden ausprobiert und als Entertainment begriffen. Diese Aspekte tragen zur Beantwortung der Forschungsfrage bei, weil diese darstellen, welche Triebkräfte Mitarbeiter zu einem Social Media Einsatz motivieren bzw. wie Mitarbeiter vor deren Hintergrund zu diesem motiviert werden können. (vgl. Kap. 3.4)

Für Unternehmen stellt sich die Frage nach der Notwendigkeit eines Social Media Einsatzes, insbesondere vor dem Hintergrund der damit einhergehenden tiefgreifenden gesellschaftlichen und wirtschaftlichen Veränderungen. Diese ergibt sich für Unternehmen demnach auch in der Mitarbeiterkommunikation aus deren handfesten wirtschaftlichen Interessen. Social Media ist demnach kein Trend, den es mitzumachen gilt. Dennoch führen Unternehmen auch Gründe gegen einen Social Media Einsatz an wie z.B. 1. das Unternehmen sieht keinen Nutzen und daher keine Bereitstellung von Ressourcen oder 2. Interesse und Bereitschaft von Mitarbeitern an Social Media sind begrenzt. An dieser Stelle gilt es zu bedenken, dass, selbst wenn der Hype um die sozialen Medien abebbt oder derzeitige Social Media ihre Bedeutung verlieren, zukünftige Kommunikationswege auf diesen Entwicklungen aufbauen. Um den Anschluss im globalen Wettbewerb nicht zu verpassen und Social Media für eine effiziente Kommunikation und Zusammenarbeit im Unternehmen zu nutzen müssen diese ihre klassischen Denkmuster durchbrechen. Um zudem als attraktiver Arbeitgeber zu gelten, müssen Unternehmen demnach ihren heutigen und insbesondere zukünftigen Mitarbeitern, auch Digital Natives, moderne Kommunikationsinstrumente bieten. Dieser Punkt ist wichtig im Rahmen der Untersuchung, weil dieser die Notwendigkeit eines Social Media Einsatzes begründet und damit die Grundlage der Studie. (vgl. Kap. 3.5.1)

Das folgende Kapitel zur Unternehmens-, Führungs- und Kommunikationskultur stellt dar, dass Social Media kein technisches Thema, sondern ein kulturelles ist. Demnach muss zwischen den kulturellen Anforderungen von Social Media und der vorhandenen Unternehmenskultur eine Kompatibilität geschaffen werden, die weder automatisch vorhanden ist, noch durch Social Media automatisch gewandelt wird. Oftmals noch vorherrschende Aspekte wie proprietäres Wissen, strenge Hierarchien oder klassische Medienstrukturen stehen demnach der Peer-to-Peer-Kommunikation inklusive z.B. der Gesichtspunkte wie erhöhte Transparenz, Dialogorientierung oder Partizipation gegensätzlich gegenüber. Für einen Kulturwandel muss demnach im Unternehmen ein Prozess angestoßen werden, der Offenheit, Transparenz, Echtzeit und Vernetzung fördert sowie verlangt. Nach dem Kulturebenen-Modell von Schein müssen demnach die tiefliegenden Grundannahmen geändert werden, die einerseits Stabilität implizieren, andererseits gerade im Wandel wie z.B. der Social Media Einführung bremsende Wirkung haben. Dieses Kapitel verdeutlicht die große Bedeutung der Unternehmens-, Führungs- und Kommunikationskultur als entscheidende Rahmenbedingung für einen erfolgreichen Social Media Einsatz und ist wichtig zur Beantwortung der Forschungsfrage hinsichtlich der Identitätsziele. (vgl. Kap. 3.5.2)

Für die Mitarbeiterkommunikation ergeben sich aus den Merkmalen und Veränderungen, die mit Social Media einhergehen, spezifische Herausforderungen, Chancen und auch Risiken. Diese sind für die Beantwortung der Forschungsfrage insofern wichtig als das diese rahmengebend wirken. 1. neue Partizipations- und Interaktionsmöglichkeiten, 2. stark erhöhte Transparenz sowie Möglichkeit der gezielten Desinformation, 3. Switch zur Many-to-Many-Kommunikation, 4. neue Möglichkeit von Feedback und Dialog, 5. stark beschleunigte Kommunikationsprozesse, 6. vielseitigere und bessere gestaltete Kommunikationsprozesse , 7. Attraktivität für qualifizierten Nachwuchs. Für einen erfolgreichen internen Social Media Einsatz ist insbesondere aufgrund der erhöhten Transparenz auf z.B. einheitliche Botschaften oder Markenversprechen zu achten und somit ist eine engere Zusammenarbeit von Public Relations, Marketing, Vertrieb und Human Resources erforderlich. (vgl. Kap. 3.5.3)

Die relevanten internen Social-Media-Anwendungen wie Wikis, Blogs oder Foren werden vor dem Hintergrund der jeweiligen Nutzen erläutert (vgl. Kap. 3.5.4) und anschließend werden diese hinsichtlich der zu erreichenden Ziele dargestellt (vgl. Kap. 3.5.5). Die Nutzung von Social Media dient dem persönlichen und organisatorischen Informationsmanagement, Beziehungsmanagement und Identitätsmanagement (vgl. Kap 3.5.5).

Ein Informationsmanagement dient dem Erreichen der Informationsziele. Insbesondere ein Social Intranet als zentrale Informations- und Kommunikationsplattform kann wesentliche Aufgaben des Informationsmanagements übernehmen. Zu vorgenanntem Aspekt wird zudem die Möglichkeit eines intranetgestützten Datenbanksystems für ein interaktives

Informationssystem und die Personalisierung des Social Intranets angeführt. Von Bedeutung ist zudem die Integration einer Such-Funktion in die digitalen Instrumente zum einfachen Auffinden der Informationen und z.B. Unterstützung derer durch die Entwicklung einer Mitarbeiter-Folksonomy. Wikis und (Web-)Blogs können hier ebenfalls sinnvoll eingesetzt werden, dienen jedoch aufgrund deren Interaktions- und Partizipationsmöglichkeiten hauptsächlich dem Beziehungsmanagement. (vgl. Kap. 3.5.5.1)

Dem Beziehungsmanagement dienen interne Wikis, Blogs, Foren aufgrund ihres partizipativen und interaktiven Charakters, wodurch diese den Austausch und das Knüpfen neuer Beziehungen fördern. Erfahren und nehmen Mitarbeiter in Blogs Wertschätzung wahr, kann dies demnach die Identifikation und die Loyalität positiv beeinflussen. Wikis erleichtern und verbessern insbesondere in globalen Unternehmen und örtlich verteilten Projektteams die Kollaboration und stellen dauerhaft das Wissen von Mitarbeitern zur Verfügung. In Foren steht die informelle Kommunikation im Vordergrund, wobei die eigenständige Koordination und der Austausch der Mitarbeiter untereinander gefördert wird. Gleichzeitig kann sich dies positiv auf den Aufbau und die Stärkung von Beziehungen sowie dem Wir-Gefühl im Unternehmen auswirken. (vgl. Kap. 3.5.5.2)

Das Identitätsmanagement trägt demnach dazu bei, die Unternehmenskultur zu stärken. Die genannten Instrumente des Beziehungsmanagements leisten hier ebenso einen wichtigen Beitrag. Demnach kann auch ein CEO-Blog letztlich das Verständnis und die Verständigung unter den Mitarbeitern erhöhen und somit eine Stärkung der Unternehmenskultur erreichen. Für einen hierarchieübergreifenden Dialog sollten Mitarbeiter zur Nutzung der Kommentarfunktion motiviert werden und ggfl. flankierende wichtige Informationen im Intranet zur Verfügung gestellt werden. (vgl. Kap. 3.5.5.3)

Ein Motivationsmanagement trägt entscheidend zum Erfolg des Beziehungs- und Identitätsmanagements bei. Die Motivation der Mitarbeiter in einen offenen, konstruktiven Dialog zu treten, wird entscheidend von der Unternehmenskultur beeinflusst. Unternehmen mit einer autoritären Kultur wird es demnach schwerer fallen, zu einem Dialog zu motivieren. Partizipative Social Media sollten vor allem eingesetzt werden, wenn diese einen echten Nutzen stiften und ein Bedürfnis befriedigen. Insgesamt sollte mehr intrinsisch denn extrinsisch motiviert werden. Die Mitarbeiterkommunikation sollte demnach 1. die Wertschätzung von Partizipation und Kollaboration verdeutlichen, 2. mittels Anreizen die Motivation zur Partizipation erhöhen unter Erhalt der intrinsischen Motivation, 3. Mitarbeiter schulen bzgl. Social Media. (vgl. Kap. 3.5.5.4)

4 Kommunikationsbedürfnisse und -befriedigung

Das folgende Kapitel definiert die Begriffe DAX- und MDAX-Unternehmen und den Begriff des Mitarbeiters als Zielgruppe der Mitarbeiterkommunikation. Zudem wird auf die Bedeutung von Mitarbeitern für Unternehmen eingegangen. Anschließend werden klassische Bedürfnistheorien dargestellt, um abschließend auf die kommunikativen Bedürfnisse von Mitarbeitern und deren Befriedigung einzugehen.

4.1 DAX- und MDAX-Unternehmen sowie Zielgruppe der Mitarbeiter

4.1.1 Begriffsdefinition DAX- und MDAX-Unternehmen

Der **Deutsche Aktienindex** (DAX) beinhaltet die Aktienkurse der 30 größten und umsatzstärksten Unternehmen, der sogenannten Blue Chips, an der Deutschen Börse in Frankfurt. Dabei repräsentieren die im DAX enthaltenen Titel rund 80% des Grundkapitals inländischer börsennotierter Gesellschaften bzw. des in Deutschland zugelassenen Börsenkapitals, weshalb dieser auch als deutscher Leitindex betrachtet wird. Am 01. Juli 1988 wurde dieser erstmalig veröffentlicht. Im DAX sind neben der Automobilbranche alle wichtigen Sektoren der deutschen Wirtschaft wie Bau, Banken, Technologie und Versorger vertreten. Die Marktkapitalisierung und der Börsenumsatz sind die wichtigsten Auswahlkriterien für die Aufnahme eines Unternehmens in diesen Index (vgl. Gaber Wirtschaftslexikon 2012a; Deutsche Börse 2012). Insgesamt sind im Jahr 2011 rund 3,84 Millionen Menschen bei DAX-Unternehmen laut der Statistik „Mitarbeiterzahl in den DAX-Unternehmen von 2007 bis 2012“ beschäftigt gewesen, wobei für 2012 bislang nur eine Prognose von 3,79 Millionen Beschäftigen angegeben wird (vgl. statista 2013). Laut Personalberichterstattung der DAX-30-Unternehmen aus dem Jahr 2011 werden Mitarbeiter erstens von den Unternehmen als wichtige Ressource für den Unternehmenserfolg betrachtet. Zweitens wird hervorgehoben, dass sich durch den demografischen Wandel die Konkurrenz um Fach- und Führungskräfte verschärft, weshalb zum einen das Personalmarketing auf dem Arbeitsmarkt verstärkt wird und zum anderen Mitarbeiter langfristig an das Unternehmen gebunden werden sollen. Die meisten der DAX-30-Unternehmen sind international tätig und legen daher drittens immer mehr Wert auf die interkulturellen Kompetenzen ihrer Mitarbeiter (vgl. Beile 2011: 95).

Der **Mid-Cap-DAX** (MDAX) stellt als Nebenwerte-Barometer die zweite Liga deutscher Aktien dar. Die 50 mittelgroßen deutschen oder überwiegend in Deutschland tätigen Unternehmen, die nach Marktkapitalisierung und Börsenumsatz direkt auf die 30 DAX-Werte folgen, spiegeln die Kursentwicklung von vorwiegend aus klassischen Branchen, kommenden Aktiengesellschaften wider. Mit der Erfüllung bestimmter Kriterien können Aktien aus dem MDAX an festgelegten Terminen in den DAX aufsteigen. Zudem besteht die Möglichkeit, dass neue Werte aufgrund der 60/60-Regel, d.h. die Rangliste der größten 60 Titel unterhalb des DAX, in den Index aufgenommen werden und damit bereits etablierte Aktiengesellschaften, die einen Rückgang ihrer Marktkapitalisierung zu verzeichnen haben, verdrängen (vgl. Gaber Wirtschaftslexikon 2012b; Deutsche Börse 2012). Valide Informationen zu der Gesamtzahl der MDAX-Beschäftigten sowie besondere Aspekte hinsichtlich der Mitarbeiter konnten nicht ermittelt werden.

4.1.2 Begriffsdefinition Mitarbeiter

Alle Mitarbeiter eines Unternehmens gehören zu den Zielgruppen der Mitarbeiterkommunikation. Im Gegensatz zur externen Kommunikation ist es nicht möglich als weniger wichtig geltende Anspruchsgruppen nicht zu beachten. Für den Wertschöpfungsprozess sind alle im Arbeitsprozess des Unternehmens Mitarbeitenden wichtig und als aktiver Teil der Mitarbeiterkommunikation zu betrachten (vgl. Einwiller / Klöfer / Nies 2008: 235). Schick (2010: 58) weist darauf hin, dass Unternehmen zunehmend auch Personen beschäftigen, die in keinem arbeitsvertraglichem Unternehmensverhältnis stehen. Diese „Mitarbeiter" wie z.B. Beschäftigte von Zeitarbeitsfirmen, von Fremdfirmen wie Zulieferanten oder IT-Servicefirmen oder freie Mitarbeiter gilt es zu berücksichtigen, da das Unternehmen an die „fremden" Mitarbeiter grundsätzlich die gleichen Erwartungen hat wie an eigene: eine motivierte Aufgabenerfüllung und imagegerechtes Vertreten des Unternehmens nach außen (vgl. Schick 2010: 58).

Eine Differenzierung der internen Zielgruppen kann hinsichtlich folgender Merkmale erfolgen: 1. Führungsposition mit Unterteilung nach Managementebene, Geschäftsfeld, 2. fachliche Position wie z.B. Außendienstmitarbeiter, Kommunikationsverantwortlicher, Ingenieure, 3. Region oder Standort, was ggfls. die Sprache betrifft, 4. Spezial- und Interessengruppen wie z.B. neue Mitarbeiter, Nachwuchsführungskräfte, Angehörige (vgl. Einwiller et al. 2008: 235).

Die Anspruchsgruppe der Mitarbeiter ist demnach sehr heterogen bezüglich Arbeitsaufgabe, Zugehörigkeit und Position innerhalb des Unternehmens wie auch hinsichtlich Bildung und Wissensstand, Interessen und Informationsbedürfnisse (vgl. Ruisinger / Jorzik

2008: 52; Buchholz / Knorre 2010: 52). Vor allem aber sind Mitarbeiter anspruchsvoll und kritisch und verfügen ausgeprägter als externe Anspruchsgruppen über umfangreiche Hintergrundinformationen, fortwährende informelle Austauschmöglichkeiten mit anderen Mitarbeitern sowie ggfls. einen echten Informations- oder Wissensvorsprung im jeweiligen Fachgebiet (vgl. Buchholz / Knorre 2010: 53). Dennoch muss unabhängig von der Heterogenität die Mitarbeiterkommunikation ein Wir-Gefühl, Vertrauen und Motivation bei allen Bezugsgruppen erzeugen, d.h.: Erzeugung eines Wir-Gefühls, Stärkung des Vertrauens, Abbau von Ängsten, Vermittlung der Unternehmensziele, Unterstützung bei der Arbeit und Motivation zur Weiterbildung (vgl. Ruisisinger / Jorzik 2008: 227).

4.1.3 Mitarbeiter und ihre Bedeutung im Unternehmen

Wirtschaftlichen Erfolg haben Unternehmen, die auf Dauer exzellenter sind als deren Wettbewerb. Stetige, rasante Veränderungen der Rahmenbedingungen und Märkte und ein wacher Wettbewerb bedingen im Streben nach Exzellenz ständigen Wandel, den die Mitarbeiter mittragen und realisieren müssen (vgl. Huober 2010: 215; Tesch 2011: 20). Die Information und die kommunikative Einbindung der Mitarbeiter sind demnach für den wirtschaftlichen Erfolg bedeutend:

> In an information age, internal communication is what enables businesses to engage their people`s intellectual and creative assets to produce value. Despite the increasing complexity of the world, people still want to know some simple truths about what is going on, and they want to be treated as if they matter. (Quirke 2008: XV)

Die Erkenntnis, dass motivierte, engagierte und veränderungsbereite Mitarbeiter letztlich über das Erreichen der Unternehmensziele entscheiden, haben, vor allem große, Unternehmen erkannt (vgl. Arns 2007: 27; Mast 2010: 220). Und ebenso, dass eine effiziente Kommunikation mit den Mitarbeitern Wettbewerbsvorteile birgt: "the value that it [internal communication] can add is immense - faster change, more flexibility and innovation, better quality decisions, better knowledge sharing and a more motivated workforce" (Quirke 2008: 1) und mangelnde Mitarbeiterkommunikation schmerzhafte, ökonomisch messbare Auswirkungen wie hohe Fluktuationsraten, teure Kompromisse mit Gewerkschaften bei Personal-Abbau-Programmen oder die Vernichtung von wertvollem Mitarbeiterwissen nach sich ziehen kann (vgl. Ruisinger / Jorzik 2008: 224 f.; Mast 2010: 221).

Der Nutzen effizienter interner Kommunikationsabläufe besteht vor allem in schneller Informationsverarbeitung und Entscheidungsfindung im Unternehmen (vgl. Einwiller / Klöfer / Nies 2008: 227), erhöhter Produktivität bei Veränderungsprozessen und hoher Mitarbeitermotivation und -loyalität (vgl. Mast 2010: 220 f.). Gleichzeitig nimmt die Komplexität der Organisationsformen zu, weshalb der Bedarf an wirkungsvoller, unternehmensinterner Kommunikation signifikant steigt (vgl. Gfeller 2007: 14; Einwiller / Klöfer / Nies 2008: 225; Quirke 2008: 39 f.; Buchholz / Knorre 2010: 10; Mast 2010: 219; Schick 2010: 1; Einwiller / Landmeier 2012: 201).

4.2 Klassische Bedürfnistheorien

Die Ausführungen im Kapitel 4.1.3 legen dar, dass es für Unternehmen wichtig ist zu wissen, welche Bedürfnisse ein Mitarbeiter überhaupt durch seine Organisationsteilnahme befriedigen möchte (vgl. Jost 2008: 24). Für ein tieferes Verständnis der Materie werden im Vorfeld der Darstellung der Bedürfnistheorien die Begriffe Bedürfnis, Motiv und Ziel in ihrem Zusammenhang dargestellt.

Vorweggeschickt wird, dass in der Literatur zahlreiche theoretische Ansätze zur Erklärung der Motivation jedoch bis heute keine einheitliche Motivationstheorie existiert. Die zahlreichen unterschiedlichen Ansätze besitzen verschiedene Schwerpunkte, die sich aber teilweise auch gegenseitig ergänzen. Die zwei wesentlichen Gruppen sind die sogenannten Inhaltstheorien mit der Fragestellung „Was erzeugt die Motivation?“ und die sogenannten Prozesstheorien mit der Fragestellung „Wie beeinflusst Motivation das Verhalten?“ (vgl. Ridder 2009: 42; Hungenberg / Wulf 2011: 277). Im Bereich der Arbeits- und Organisationspsychologie beschäftigen sich also insbesondere die Bedürfnistheorien, auch Inhaltstheorien der Motivation, mit den inhaltlichen Aspekten der Motivation, d.h. mit der Frage, welche Motive Menschen leiten bzw. was Menschen motiviert (vgl. Jost 2008: 24; Ridder 2009: 42; Heckhausen / Heckhausen 2011: 52; Hungenberg / Wulf 2011: 277) und sind damit für die Untersuchung relevant. Die bekanntesten Inhaltstheorien sind die Bedürfnispyramide von Maslow, die ERG-Theorie von Alderfer und die Zwei-Faktoren-Theorie von Herzberg (vgl. Jost 2008: 24; Ridder 2009: 42; Hungenberg / Wulf 2011: 279 - 286), die im Anschluss dargestellt werden.

4.2.1 Zusammenhang von Bedürfnis, Motiv und Handlungsziel

Im Allgemeinen tritt ein Mitarbeiter einem Unternehmen freiwillig bei. Das Unternehmen dient ihm als Mittel zur Erreichung seiner persönlichen Ziele. Daher wird er seine Teilnahmeentscheidung davon abhängig machen, in welchem Umfang das Unternehmen zur Befriedigung seiner Zielvorstellungen beiträgt. Demnach muss ein Unternehmen, das seine Mitarbeiter an sich binden will, dessen persönliche Ziele entsprechend berücksichtigen. Es schließt sich also direkt die Frage nach den Zielen, die der Mitarbeiter mit seiner Organisationsteilnahme erreichen möchte, an. Ein Ziel ist dabei ein Endzustand, auf den das Verhalten des Mitarbeiters gerichtet ist. Das Arbeitsverhalten des Mitarbeiters bezieht sich somit immer auf Ziele, die dieser im positiven Sinne erreichen oder im negativen Sinne vermeiden oder aufgeben möchte. Daraus wird deutlich, dass die Frage nach den Zielen des Mitarbeiters die Frage nach den Gründen und Ursachen seines Verhaltens ist. (vgl. Jost 2008: 19 f.)

Um die Ziele und damit das „Warum“ des Arbeitsverhaltens eines Mitarbeiters zu erklären, wird an dieser Stelle auf den in der Psychologie verwendeten Begriff des Motivs zurückgegriffen. Heckhausen (1989: 9) definiert Motiv dabei als eine Klasse von Handlungszielen „die in Form überdauerter und relativ konstanter Wertungsdispositionen vorliegen“, wobei Disposition die Bereitschaft eines Menschen, auf eine angegebene Situation in einer spezifischen Weise zu reagieren, meint. Motive sind demnach Beweggründe des Handels, welche die Bereitschaft zu einem Verhalten und gewisse Handlungsziele umfassen (vgl. Homburg / Krohmer 2005: 34; Jost 2008: 20; Hungenberg / Wulf 2011: 273). Indem jedem Motiv ein Handlungsziel zugeordnet wurde, können die Ziele des Mitarbeiters auf dessen individuelle Verhaltensbereitschaften zurückgeführt werden, wobei zu beachten ist, dass einem Ziel verschiedene Motive zugrunde liegen können (vgl. Jost 2008: 20). Motiven vorgelagert sind Bedürfnisse (vgl. Jost 2008: 20; Schwaiger / Meyer 2009: 229). Jost (2008: 20) definiert Bedürfnis als „Mangelempfindung einer Person, die aufgrund eines physiologischen oder psychologischen Ungleichgewichts entstanden sind“, d.h. es besteht eine Diskrepanz zwischen einem situativen Ist- und einem angestrebten Sollwert (vgl. Schwaiger / Meyer 2009: 228; Scheffer / Heckhausen 2011: 52). Unterschieden werden kann in zwei Hauptgruppen: 1. physiologische Bedürfnisse wie z.B. nach Luft, Wasser, Nahrung oder Sex, welche die primären (Grund-)Bedürfnisse eines Menschen darstellen und aufgrund physiologischer Ungleichgewichte entstehen. Diese basieren also auf biologischen Erfordernissen, sind angeboren und sichern das Überleben und 2. psychologische Bedürfnisse, die von der Person erst erworben oder erlernt werden und auf psychologische Ungleichgewichte zurückzuführen sind wie z.B. das Bedürfnis nach Anerkennung oder Geld, das neben der Befriedigung physiologischer Bedürfnisse von manchen Menschen auch um seiner selbst willen gewünscht wird. In diesem Sinne entsprechen die psychologischen Bedürfnisse den sekundären Bedürfnissen einer Person (vgl. Jost 2008: 21; Hungenberg / Wulf 2011: 274).

Der Kreis von Bedürfnis, Motiv und Ziel schließt sich, wenn eine Person ein Mangelgefühl empfindet. Jetzt wird der Wunsch nach Bedürfnisbefriedigung zum Motiv, welches das Handeln der Person bestimmt. Ziel des derart motivierten Handelns ist die Beseitigung des Bedürfnismangels. Die Zielerreichung impliziert die Bedürfniserfüllung bzw. die Reduzierung des Bedürfnismangels und stellt somit einen Wert für die Person dar. In einem ökonomischen Unternehmen setzt Jost (2008: 21) voraus, dass die Ziele des Mitarbeiters immer ökonomischer Natur sind. Ein auf die Bedürfnisbefriedigung bezogenes ökonomisches Ziel besteht somit in der individuellen Befriedigung eines Bedürfnisses mit beschränkten oder auch für die Befriedigung anderer Bedürfnisse einsetzbarer Mittel. Die Vielfalt ökonomischer Ziele überträgt sich demnach auf die Bedürfnisbefriedigung eines Mitarbeiters. Im Kontext dessen Arbeit bedeutet dies, dass eine unendliche Vielfalt an Bedürfnissen existiert, die in unterschiedlicher Weise ihre jeweilige Manifestation im Handeln sowie den Zielen haben können (vgl. Jost 2008: 21).

Motiviertes Verhalten ist demnach immer auf die Erfüllung der ihm zugrunde liegenden Bedürfnisse ausgerichtet. Mit der Klassifikation von Bedürfnissen haben sich laut ökonomischer und psychologischer Literatur einige Wissenschaftler auseinandergesetzt (vgl. Jost 2008: 22). Als grundlegend gilt die Arbeit von Murray, der eine sehr systematisierte und differenzierte Klassifikation von Bedürfnissen mit Unterscheidung von diesen in z.B. positive und negative oder manifeste und latente entwickelte (vgl. Jost 2008: 23; Heckhausen 2011: 24 f.; Scheffer / Heckhausen 2011: 54 f.). Für einen vertieften Einblick siehe Murray (1938: 114 f.). Zusammenfassend wird aufgezeigt, dass 1. viele Möglichkeiten der Klassifikation menschlicher Bedürfnisse existieren, 2. das Problem bei der Klassifikation besteht, dass Bedürfnisse möglicherweise eng miteinander verbunden bzw. das eine Bedürfnis in den Dienst eines anderen gestellt wird, 3. sich die Liste der Bedürfnisse beliebig erweitern ließe und letztlich eine unüberschaubare Anzahl an inhaltlich differenzierten Bedürfnissen entstünde, 4. insbesondere bei der Klassifikation der physiologischen Bedürfnissen das Problem besteht, dass diese abhängig vom individuellen Lernprozess sind, d.h. jede Person besitzt mehr oder weniger dieselben physiologischen Bedürfnisse, wohingegen die psychologischen Bedürfnisse entscheidend von der jeweiligen Umwelt der einzelnen Person geprägt werden und folglich jede Person eine individuelle Bedürfnisliste besitzt. Zudem impliziert die Umweltabhängigkeit der individuellen Bedürfnisse, dass diese zeitlich nicht stabil sind und aufgrund von Veränderungen der Person, der Umwelt steten Veränderungen unterliegen (vgl. Jost 2008: 23; Hungenberg / Wulf 2011: 273 f.). Der Extremfall wäre demnach, dass die individuellen Bedürfnisse eines Mitarbeiters nur für den Augenblick Gültigkeit haben, in dem diese erstellt werden (vgl. Jost 2008: 23).

4.2.2 Bedürfnispyramide nach Maslow

Maslows Bedürfnispyramide ist die wahrscheinlich am weitesten verbreitete, aber auch am meisten kritisierte Inhaltstheorie der Motivation (vgl. Scheffer / Heckhausen 2011: 59; Hungenberg / Wulf 2011: 279). Zugrunde liegt die Annahme, dass Menschen durch ihre Bedürfnisse motivierbar sind (vgl. Hungenberg / Wulf 2011: 279). Maslow klassifiziert die Gesamtheit aller individuellen Bedürfnisse in fünf Kategorien, welche sich, so die weitere Annahme, entsprechend ihrer relativen Dringlichkeit hierarchisch ordnen lassen (vgl. Jost 2008: 24; Kirchler / Meyer-Presti / Hofmann 2008: 99; Ridder 2009: 42; Scheffer / Heckhausen 2011: 57; Hungenberg / Wulf 2011: 279). Der Grundgedanke der Klassifikation ist also ein Prinzip der relativen Vorrangigkeit in der Motivanregung, d.h. es müssen zunächst immer die Bedürfnisse der niederen Gruppe befriedigt sein, bevor ein höheres Bedürfnis überhaupt aktiviert wird und das Handeln bestimmen kann (vgl. Jost 2008: 26; Scheffer / Heckhausen 2011: 57; Hungenberg / Wulf 2011: 280). Die fünf Bedürfnisklassen erstrecken sich ausgehend von den existenzsichernden, physiologischen Bedürfnissen über die Sicherheitsbedürfnisse und Bedürfnisse der sozialen Bindung bis zu Wertschätzungs- oder Ich-Bedürfnisse und letztlich zum Wert der Selbstverwirklichung (vgl. Jost 2008: 25; Kirchler / Meyer-Presti / Hofmann 2008: 99 f.; Scheffer / Heckhausen 2011: 58; Hungenberg / Wulf 2011: 279 f.), wobei die Klassen noch einmal in Wachstums- und Defizitmotive unterteilt sind. Die physiologischen, die Sicherheits-, die sozialen und die Wertschätzungsmotive bezeichnet Maslow als Defizitmotive, die Selbstverwirklichungsbedürfnisse als Wachstumsmotive (vgl. Hungenberg / Wulf 2011: 279). Bezogen auf den Arbeitsalltag muss ein Unternehmen feststellen, auf welcher Bedürfnisebene sich ein Mitarbeiter befindet, um entsprechende Anreizstrukturen zu bieten (vgl. Ridder 2009: 42; Hungenberg / Wulf 2011: 281). Für Unternehmen sind somit insbesondere die Einflussbereiche im Arbeitsalltag interessant, daher werden die Bedürfniskategorien (vgl. Jost 2008: 25; Kirchler / Meyer-Presti / Hofmann 2008: 99 f.; Scheffer / Heckhausen 2011: 58; Hungenberg / Wulf 2011: 279 f.) erweitert um diese laut Breyer-Mayländer (2004: 149 f.) dargestellt:

- **Physiologische Bedürfnisse** sind Grundbedürfnisse, die der Selbsterhaltung dienen wie z.B. Luft, Wasser, Nahrung oder Sex. Arbeitsalltag: z.B. Gehalt, angenehme Arbeitsplatzgestaltung, Kantine, Einkaufs- und Wohnmöglichkeiten
- **Sicherheitsbedürfnisse** umfassen alle Bedürfnisse, die auf den Schutz vor physischen, psychischen und ökonomischen Gefahren gerichtet sind. Arbeitsalltag: z.B. Vertrauen in Unternehmenszukunft, Arbeitsplatzsicherheit, Absicherung bei Unfall und Krankheit

- **Soziale Bedürfnisse** sind auf den Kontakt und die Zuwendung von anderen Menschen ausgerichtet wie z.B. Bedürfnis nach Liebe, Gruppenzugehörigkeit. Arbeitsalltag: Information, Kommunikation, gute Beziehungen zu Mitmenschen wie Kollegen, Führungskräften etc., angenehmes Unternehmens- und Arbeitsklima, Identifikation, d.h. sich hinter die Unternehmensziele stellen bzw. zugehörig fühlen
- **Wertschätzung- oder Ich-Bedürfnisse** bringen den Wunsch nach Anerkennung und Achtung zum Ausdruck und beziehen sich sowohl auf Anerkennung durch andere Personen als auch auf die Selbsteinschätzung wie z.B. Streben nach Status, Prestige oder Einfluss. Arbeitsalltag: Wertschätzung und Respekt durch andere, Aufstiegsmöglichkeiten, übertragene Kompetenzen, Dienstwagen, Ehrentitel,
- **Selbstverwirklichungsbedürfnisse** drücken den Wunsch des Menschen nach persönlicher Entfaltung und Weiterentwicklung zum Ausdruck wie z.B. Streben nach Unabhängigkeit. Arbeitsalltag: persönliche Entwicklungsziele anstreben und erreichen, Kompetenz, Mitbestimmung, Gleitzeit, interessante Tätigkeit

Die Ziele der Mitarbeiterkommunikation wie Informationsziele (vgl. Kap. 2.2.1), Beziehungsziele (vgl. Kap. 2.2.2) und Identitätsziele (vgl. Kap. 2.2.3) finden sich in den sozialen Bedürfnissen wieder. Die Motivationsziele finden sich in den Bedürfnisklassen Wertschätzung- oder Ich-Bedürfnisse und Selbstverwirklichungsbedürfnisse wieder (vgl. Kap. 2.2.4).

Kritik an der Bedürfnispyramide wird geübt, da viele Begriffe nur vage definiert sind und somit viel Platz für subjektive Interpretationen lassen, diese nicht auf empirischen Untersuchungen, sondern nur auf klinischen Erfahrungen beruht und die Bedürfnisklassen eher relativ willkürlich vorgeschlagen wurden und nicht überschneidungsfrei sind (vgl. Jost 2008: 27; Kirchler / Meyer-Presti / Hofmann 2008: 103; Hungenberg / Wulf 2011: 281 f.; Scheffer / Heckhausen 2011: 59). Gleichzeitig wird dadurch eine empirische Überprüfung der Theorie erschwert, was auch bis heute unbefriedigend geblieben ist (Scheffer / Heckhausen 2011: 59; Hungenberg / Wulf 2011: 281). Des Weiteren kann das Hierarchiemodell zum einen im Sinne einer individualistischen, auf persönliche Bedürfnisbefriedigung zielenden als ebenso zum zweiten im Sinne einer interdependenten, auf die Förderung der Bedürfnisse der Gemeinschaft ausgerichteten Orientierung dienen. Scheffer und Heckhausen (vgl. 2011: 59) schließen nicht aus, dass gerade diese Dehnbarkeit der Theorie zur ihrer großen Popularität in der Praxis wie z.B. Trainings und Seminare beiträgt. Insgesamt ist die Relevanz der Bedürfnispyramide nur sehr eingeschränkt für die Unternehmensführung relevant, sondern wird vorrangig als Ansatz gesehen, der einen strukturierten Überblick über Motive gibt, die von der Unternehmensführung angesprochen werden können (vgl. Hungenberg / Wulf 2011: 281).

4.2.3 ERG-Theorie nach Alderfer

Die ERG-Theorie von Clayton Alderfer ist eine Weiterentwicklung der Bedürfnispyramide von Maslow (vgl. Jost 2008: 29; Hungenberg / Wulf 2011: 281, Kap. 4.2.2). Das Hauptanliegen war Maslows Bedürfnispyramide besser mit den Ergebnissen der empirischen Forschung in Einklang zu bringen. Zudem konzentrierte Alderfer sich verstärkt auf die Frage nach der Motivation in Unternehmen, d.h. dessen Theorie sollte dem arbeitenden Menschen im Unternehmen gerecht werden. Demgegenüber strebte Maslow die Entwicklung eines möglichst allgemeinen Motivationsmodells an (vgl. Hungenberg / Wulf 2011: 281). Alderfer geht aufgrund der Überlappungen zwischen den Bedürfnisklassen bei Maslow von lediglich drei Bedürfnisklassen aus (vgl. Jost 2008: 29; Kirchler / Meyer-Presti / Hofmann 2008: 103; Hungenberg / Wulf 2011: 282).

- **Existenzbedürfnisse** umfassen physiologische und auch die Bedürfnisse nach materieller Sicherheit wie z.B. Streben nach finanzieller Entlohnung und einem sicheren Arbeitsplatz. Diese schließen somit Maslows physiologische und Sicherheitsbedürfnisse ein (vgl. Kap. 4.2.2)
- **Beziehungsbedürfnisse** umschließen die Bedürfnisse nach festen zwischenmenschlichen Beziehungen und entsprechen Maslows sozialen und Wertschätzungsbedürfnissen (vgl. Kap. 4.2.2).
- **Wachstumsbedürfnisse** drücken ein intrinsisches Streben nach Entfaltung der eigenen Persönlichkeit aus und überschneiden sich mit der intrinsischen Komponente von Maslows Wertschätzungs- und Selbstverwirklichungskategorien (vgl. Jost 2008: 29; Hungenberg / Wulf 2011: 282, Kap. 4.2.2).

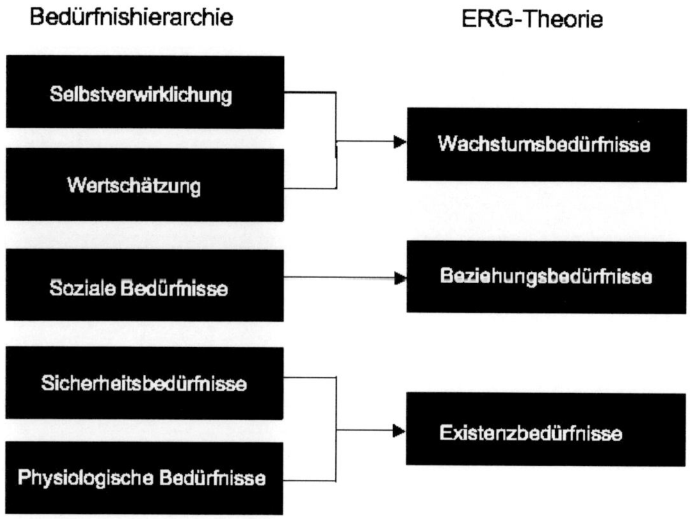

Abbildung 3: Unterschiede von Bedürfnispyramide und der ERG-Theorie
Quelle: eigene Darstellung in Anlehnung an Hungenberg und Wulf 2011: 282

Wie bei Maslow besteht wie bei Alderfer eine hierarchische Gliederung der drei Bedürfnisebenen, die in Abhängigkeit von der jeweiligen Persönlichkeitsentwicklung eines Mitarbeiters steht (vgl. Jost 2008: 29), wobei Hungenberg und Wulf (vgl. 2011: 282) diese weniger als Hierarchie und eher als Kontinuum sehen. Im Unterschied zu Maslow wird in der ERG-Theorie angenommen, dass die Wirksamkeit eines Bedürfnisses nicht nur von der Befriedigung der unteren Bedürfnisebene abhängt, sondern auch von der Frustration der Bedürfnisse der oberen Ebene abhängt. Damit wird die strikte hierarchische Beziehung zwischen den Bedürfnisebenen von Maslow aufgelöst, so dass alle drei Bedürfnisebenen gleichzeitig wirksam werden können (vgl. Jost 2008: 29; Hungenberg / Wulf 2011: 283). Zudem enthält die Theorie eine Frustrationshypothese, die besagt, dass ein nichterfülltes Bedürfnis dominant wird. Diese sogenannte Frustrations-Regressions-Hypothese führt demnach dazu, dass ein Mensch mit einem gesteigerten Bedürfnis auf der nächstniedrigeren Ebene reagiert, wenn ein Bedürfnis höherer Ordnung nicht befriedigt wird. Frustration kann somit zu einer Regression auf eine niedrigere Bedürfnisebene führen (vgl. Jost 2008: 29; Kirchler / Meyer-Presti / Hofmann 2008: 104; Hungenberg / Wulf 2011: 283).

Die ERG-Theorie von Alderfer ist insgesamt wesentlich offener als die Bedürfnispyramide von Maslow (vgl. Hungenberg / Wulf 2011: 283) und kann aufgrund ihrer Dynamik Wechselwirkungen zwischen verschiedenen Bedürfnissen wesentlich umfassender als die Bedürfnispyramide von Maslow berücksichtigen (vgl. Jost 2008: 31). Insgesamt entspricht diese in stärkerem Maße den Erkenntnissen der empirischen Motivationsforschung und ist besser geeignet um individuelle Unterschiede in den Bedürfnissen von Mitarbeitern sowie die Auswirkungen von Bedürfnisbefriedigung und -frustation bzw. Nichtbefriedigung zu erklären (Jost 2008: 31; Hungenberg / Wulf 2011: 283). Konzeptionell gilt laut Jost (vgl. 2008: 29) für die ERG-Theorie dieselbe Kritik wie für die Theorie von Maslow wie 1. der Gültigkeit der Klassifikation in drei Bedürfnisebenen, die in einer bestimmten Art und Weise aufeinander folgen, und für verschiedene Mitarbeiter Gültigkeit haben sollen, 2. die Voraussetzung, dass ein Mitarbeiter erst nach der Befriedigung eines höheren Bedürfnisses streben kann, wenn seine niedrigeren Bedürfnisse befriedigt sind und 3. die Annahme, dass Bedürfnisse aus verschiedenen Bedürfnisebenen nicht miteinander substituierbar sind.

4.2.4 Zwei-Faktoren-Theorie von Herzberg

Neben Maslows Bedürfnispyramide (vgl. Kap.4.2.2) besitzt die Zwei-Faktoren-Theorie von Herzberg die wohl größte Popularität in der Arbeits- und Organisationspsychologie (vgl. Jost 2008: 31). Entstanden ist diese auf Basis empirischer Untersuchungen (vgl. Jost 2008: 283; Kirchler / Meyer-Presti / Hofmann 2008: 104; Hungenberg / Wulf 2011: 31). Ziel war die Untersuchung der Frage, welche Arbeitsbedingungen Zufriedenheit bzw. Unzufriedenheit bei den Mitarbeitern und deren Arbeit bewirken (vgl. Hungenberg / Wulf 2011: 31). Befragt wurden dazu Mitarbeiter, in der sogenannten Pittsburgh-Studie, nach Arbeitssituationen, in denen diese besonders zufrieden oder besonders unzufrieden gewesen waren (vgl. Jost 2008: 283; Kirchler / Meyer-Presti / Hofmann 2008: 104; Hungenberg / Wulf 2011: 31). Die Ergebnisse der Studie zeigten, dass jeweils unterschiedliche Einflussgrößen für positive oder negative Arbeitserlebnisse verantwortlich gemacht wurden (vgl. Jost 2008: 31; Kirchler / Meyer-Presti / Hofmann 2008: 104; Hungenberg / Wulf 2011: 284), wobei im Zusammenhang mit positiven Erfahrungen Faktoren wie Anerkennung und Verantwortung genannt wurden und negative Erlebnisse z.B. mit schlechten Arbeitsbedingungen oder zu starker Kontrolle verbunden wurden (vgl. Hungenberg / Wulf 2011: 284). Herzberg schloss daraus, dass die Motivation von zwei unterschiedlichen Faktoren beeinflusst wird, welche ebenfalls unterschiedlich auf die Arbeitszufriedenheit von Mitarbeitern wirken und teilte die Bedürfnisse eines Mitarbeiters in zwei Klassen ein (vgl. Jost 2008: 31 f.; Kirchler / Meyer-Presti / Hofmann 2008: 105; Ridder 2009: 43; Hungenberg / Wulf 2011: 284 f.):

- **Hygienebedürfnisse** stehen in Zusammenhang mit der Vermeidung von Unzufriedenheit. Diese werden vor allem durch den Arbeitskontext eines Mitarbeiters befriedigt, d.h. durch die äußeren Umstände, womit die ihnen zugrundeliegenden Faktoren auch als extrinsische Faktoren bezeichnet werden, wie z.B. Entlohnung, gute Arbeitsbedingungen, zwischenmenschliche Beziehungen am Arbeitsplatz, Ausmaß der Kontrolle oder die Unternehmenspolitik. Die Befriedigung dieser Faktoren führt jedoch nicht zu einer Zufriedenheit des Mitarbeiters, sondern die positive Ausprägung dieser Faktoren verhindern lediglich dessen Unzufriedenheit.
- **Motivationsbedürfnisse** stellen die Entfaltungsbedürfnisse eines Mitarbeiters dar und sind geprägt durch das Streben nach Zufriedenheit. Zu den Motivatoren zählen typischerweise z.B. Streben nach Leistung, Anerkennung, Verantwortung oder Beförderung. Die Bedürfniserfüllung bewirkt Zufriedenheit beim Mitarbeiter. Eine negative Ausprägung bewirkt jedoch keine Unzufriedenheit. Diese Bedürfnisse werden durch den Inhalt der Arbeit und nicht durch äußere Rahmenbedingungen erfüllt, weshalb die beeinflussenden Faktoren als intrinsische Faktoren bezeichnet werden.

Im Unterschied zu den Bedürfnistheorien von Maslow (vgl. Kap. 4.2.2) und Alderfer (vgl. Kap. 4.2.3), die davon ausgehen, dass die (Nicht-)Erfüllung eines Bedürfnisses immer auch eine (Un-)zufriedenheit des Mitarbeiters bewirkt, postuliert Herzbergs Zwei-Faktoren-Theorie zwei unabhängige Wirkungszusammenhänge (vgl. Kirchler / Meyer-Presti / Hofmann 2008: 106; Jost 2008: 32). Das bedeutet, ein Mitarbeiter kann sowohl nach der Befriedigung der Hygiene- als auch der Motivationsbedürfnisse streben. Im Hinblick auf die Arbeitszufriedenheit besteht jedoch keine kompensatorische Wirkung zwischen diesen. Im Sinne von Maslows Bedürfnispyramide können die Motivationsbedürfnisse als Bedürfnisse höherer Ebene gelten, da diese dem Streben nach Selbstverwirklichung und Wertschätzung entsprechen, und die Hygienebedürfnisse als Bedürfnisse niedrigerer Ebenen verstanden werden. Im Unterschied zu Maslow besteht bei Herzberg keine Hierarchie zwischen den Ebenen (vgl. Jost 2008: 32).

Zwei Gestaltungsempfehlungen für die Unternehmensführung lassen sich demnach ableiten: 1. „Hygiene" im Unternehmen muss gewährleistet sein, d.h. negative Ausprägungen in den wesentlichen Hygienefaktoren müssen beseitigt werden. Die Rahmenbedingungen der Arbeit müssen demnach auf ein akzeptables Niveau gebracht werden, 2. Nachdem „Hygiene" hergestellt wurde, empfiehlt sich demnach die Konzentration auf die Motivatoren, d.h. auf die Gestaltung der Arbeit, um Zufriedenheit zu erzeugen (vgl. Hungenberg / Wulf 2011: 285).

Insgesamt hat Herzbergs Zwei-Faktoren-Theorie und hierbei insbesondere dessen Unterscheidung in Motivatoren und Hygienefaktoren einen wichtigen Beitrag zum Verständnis menschlicher Motivation und Zufriedenheit geleistet. Dennoch hat auch diese Theorie ganz wesentliche Schwächen. Herzbergs Theorie konnte in nur sehr wenigen Studien empirisch bestätigt werden, was 1. an der Methodik liegt: Mitarbeiter über kritische Ereignisse zu befragen, ist allein aufgrund der Tendenz Zufriedenheit als Resultat der eigenen Leistung und Unzufriedenheit Anderen zuzuordnen, fragwürdig und 2. zudem zeigen Studien anderer Autoren, dass zwar zwei unterschiedliche Faktoren der Motivation existieren, dass einzelne Merkmale allerdings, in Abhängigkeit vom Alter, Ausbildung und Beruf der Zielgruppe in einigen Fällen den Motivatoren und in anderen den Hygienefaktoren zugeordnet wurden (vgl. Jost 2008: 33 f.; Kirchler et al. 2008: 106; Hungenberg / Wulf 2011: 286).

Abschließend ergeben sich bei einer Zusammenfassung der inhaltlichen Aussagen der Theorien von Maslow, Alderfer und Herzberg und deren jeweiligen Kritikpunkte zwei Schlussfolgerungen und zwar, dass zum einen jede Einteilung von Bedürfnissen in Klassen beliebig ist. Eine Theorie, die für alle Mitarbeiter eine universelle Bedürfnisstruktur annimmt, ist aufgrund der angeführten Kritikpunkte nicht begründbar. Im Gegenteil dazu existieren große inter- und intraindividuelle Unterschiede in der Bedeutung bestimmter Bedürfnisse für Mitarbeiter, welche von der betrachteten Person und dessen jeweiligen Situation abhängt (vgl. Jost 2008: 34 - 38). Zum anderen, dass zwischen unterschiedlichen Bedürfnissen verschiedene Wechselwirkungen wie Komplementarität oder Konkurrenz bestehen (vgl. Jost 2008: 39). Zusammenfassend liefern die Inhaltstheorien somit zwar Aussagen darüber, was Mitarbeiter motiviert, berücksichtigen jedoch kaum individuelle oder kulturelle Unterschiede zwischen den Motiven von Mitarbeitern. Auch tragen diese dem Aspekt der Veränderung von Motiven im Zeitablauf nur eingeschränkt Rechnung. Die vorgenannten Gründe bedingen, dass sich aus den Inhaltstheorien nur grobe Aussagen darüber ableiten lassen, wie Mitarbeiter motiviert werden sollten. Dies wäre jedoch wichtig für die Gestaltung von Anreizsystemen (vgl. Hungenberg / Wulf 2011: 286).

4.3 Kommunikationsbedürfnisse von Mitarbeitern und Befriedigung

Der Begriff der Kommunikation umfasst die Information, gegenseitigen Austausch und Verständnis zugleich (vgl. Kap. 2.1). Empfindet der Mitarbeiter ein Bedürfnis nach Kommunikation, wird dieser durch motiviertes Handeln die Bedürfniserfüllung bzw. die Reduzierung des Bedürfnismangels anstreben (vgl. Kap. 4.2.1).

Mitarbeiter wünschen sich zum einen persönliche Zuwendung bzw. Interesse und beklagen auch zu wenig Meinungsaustausch bzw. Diskussion. Zudem erwarten Mitarbeiter frühzeitige, aktuelle und umfassende Informationen sowie eine offene, ehrliche Kommunikation seitens der Führungskräfte (vgl. Mast 2010: 243).

Die Bedürfnisse hinsichtlich der Kommunikationsinhalte sind abhängig von den Interessenlagen und der aktuellen Situation, in der sich der einzelne Mitarbeiter befindet (vgl. Mast 2010: 225). Diese divergieren in der Regel in Abhängigkeit von der Position, dem Arbeitsbereich und dem Standort, der Dauer der Unternehmenszugehörigkeit sowie dem Ausbildungsstand des einzelnen Mitarbeiters (vgl. Einwiller et al. 2008: 236). Merkmale des Unternehmens wie z.B. Größe, Struktur und Lage am Markt entscheiden mit über die internen Informationen (vgl. Mast 2010: 225). Das Themenspektrum der Kommunikation mit den Mitarbeitern ist demnach heterogen, wobei die 1. aufgabenbezogenen Informationen z.B. Informationen zu internen Prozessen, Zielen, Verfahren umfassen und die 2. sozialen Informationen sich mit persönlichen Beziehungen, dem Zusammengehörigkeitsgefühl und der Befriedigung allgemeiner Kommunikationsbedürfnisse beziehen, d.h. unter anderem werden die Mitarbeiter selbst, interne Werte und Normen, aber auch die soziale Umwelt des Unternehmens thematisiert (vgl. Mast 2010: 225).

Um den Bedürfnissen der Mitarbeiter nach Ansprache, Mitwirkung und Integration gerecht zu werden, müssen demnach die Kommunikationsprozesse vernetzt und gesteuert werden und nicht lediglich anlassbezogen reagiert werden (vgl. Mast 2010: 225). Diese Aspekte sind wichtig für die Beantwortung der Forschungsfrage, da gerade die potentielle Verbesserung der dargestellten kommunikativen Bedürfnisse mittels Social Media im Zentrum der Betrachtung steht.

Zielend auf eine planvolle, adressenorientierte Kommunikation müssen die Mitarbeiter und ihre Bedürfnisse demnach in den Mittelpunkt gestellt werden. Es muss somit ein Wandel von der Verteilkommunikation zu interaktiven Prozessen erfolgen. Im Prozessmanagement gibt es die Leitidee, die davon ausgeht, dass Kommunikation nicht auf Verteilprozesse beschränkt wird, sondern das Austauschprozesse moderiert, gestaltet und optimiert werden. Kommunikationsinhalte müssen demnach vom ersten bis zum letzten Glied jeweils verbessert, um lokalen Kontext angereichert und auf zu betonende Werte wie Leitbilder und Visionen ausgerichtet werden. Es ist dabei nicht das Ziel die Inhalte lediglich partiell weiterzureichen. Ziel ist die inhaltliche Veredelung mit Blick auf die Zielgruppen der Mitarbeiter, als Rezipienten, und das Setzen in den Kontext. Dieser in Theorie und Praxis erforderliche Paradigmenwechsel in der Mitarbeiterkommunikation stößt in der Praxis oftmals auf Widerstand. In den Unternehmen kann dennoch eine Denkhaltung wie „Jeder ist Unternehmer“ oder „Jeder ist Kunde, auch der Kollege in der Nachbarabteilung“ gefördert werden (vgl. Mast 2010: 225 - 227).

Dieser vorgenannte Paradigmenwechsel ergänzt die bisherige instrumentelle Sichtweise von Kommunikation durch die Aufgabe Kommunikationsbeziehungen zu gestalten und in Kommunikationszyklen zu denken (vgl. Clampitt 2010: 3 - 23) sowie die Adressaten im Blick zu haben und die Koordination des Kommunikationsmanagements neu auszurichten (vgl. Mast 2010: 227). Notwendig ist laut Mast (2010: 227) diesbezüglich die konsequente Ausrichtung der Mitarbeiterkommunikation an Orientierungswerten wie z.B. Unternehmenswerten, Reputation oder Image. Zudem müssen Inhalte mit orientierenden Inhalten wie z.B. Ziele und Botschaften vermittelt werden und die Einbindung der Mitarbeiter und der Führungskräfte in leistungsfähige Kommunikationsnetze, die zugleich reine Informationsprozesse, dialogische Formen und vor allem Feedback ermöglichen müssen, muss erfolgen (vgl. Mast 2010: 227). Nach Mast (2010: 227) ist die Herausforderung der Mitarbeiterkommunikation, die Kommunikationsprozesse derart zu gestalten, dass in der Wahrnehmung der Mitarbeiter aus reinen Informationen sinnstiftende Orientierungen werden. Quirke (2008: 177) sieht hierfür den Einsatz der persönlichen Kommunikation an: „effective communication is a four-step process of conversation. [...] All four steps are needed and each is a vital link in the chain of communication.“

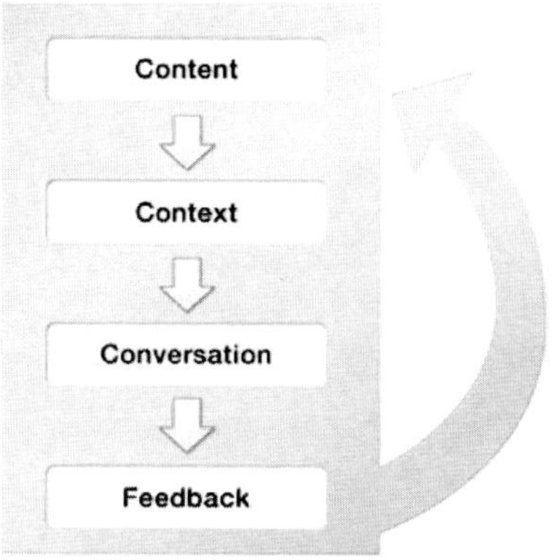

Abbildung 4: Four step process of conversation
Quelle: Quirke 2008: 177

1. **Content** bzw. Inhalt umfasst demnach die mediale Infrastruktur, zum Informationstransport jeglicher Art zu den internen Zielgruppen und inhaltliche Eigenschaften. **2. Context** meint Zusammenhänge und Orientierung und wendet sich an die Führungskräfte, welche die Informationen mit Zusammenhängen, Hintergründen, Begründungen sowie Interpretationen anreichern sollen, damit die Mitarbeiter diese verstehen und das Gesamtbild, also nicht nur den Informationspartikel, sehen. **3. Conversation** umfasst Gespräche und die Anschlusskommunikation, d.h. nach dem Kommunikationsakt werden dessen Themen in anderen Zirkeln und Formen weitergetragen. **4. Feedback** insbesondere an die Führungskräfte fungiert als Steuerungsinstrument für den Prozess des Kommunikationsmanagements. Es ist zum einen ein Kanal für z.B. Beschwerden, Kritik, Lob und wird zudem als Test genutzt, um zu erfahren, ob die Botschaften bei den Mitarbeitern richtig verstanden werden. (vgl. Quirke 2008: 18 f. und 177; Mast 2010: 227 f.)

Auch Mast (2010: 241) sowie Einwiller und Landmeier (2012: 207) weisen darauf hin, dass die persönliche Kommunikation mit ihren Funktionen wie Information, Interaktion, Interpretation und Beeinflussung gerade in Zeiten von Social Media eine besondere Bedeutung haben sollte. Social Media weisen einen stark dialogischen und partizipativen Charakter auf und können demnach insbesondere in größeren wie auch räumlich verteilten Unternehmen, wo die persönliche Kommunikation nicht praktikabel ist, bedeutend zur Zielerreichung der Mitarbeiterkommunikation beitragen (vgl. Kap. 2.5.3). Dieser Aspekt ist wichtig für die Untersuchung, da dieser zum einen veranschaulicht, dass die persönliche

Kommunikation sehr gut zur Befriedigung kommunikativer Mitarbeiterbedürfnisse geeignet ist und zum anderen eines der bedeutendsten Merkmale von Social Media, die Partizipations- und Interaktionsmöglichkeiten, betont und somit in diesem Zusammenhang die Ähnlichkeit der persönlichen Kommunikation und Social Media.

Im Rahmen der Experteninterviews wird auf den Aspekt der Kommunikationsbedürfnisse sowie deren Befriedigung eingegangen, indem zum einen untersucht wird, was die Experten unter diesen verstehen und zum anderen mit welchen Inhalten und Botschaften zu deren Befriedigung eingesetzt werden.

4.4 Zusammenfassung

Der Deutsche Aktienindex (DAX) beinhaltet die Aktienkurse der 30 größten und umsatzstärksten Unternehmen, der sogenannten Blue Chips, an der Deutschen Börse in Frankfurt und wird auch als deutscher Leitindex betrachtet. Im DAX sind neben der Automobilbranche alle wichtigen Sektoren der deutschen Wirtschaft wie Bau, Banken, Technologie und Versorger vertreten. Der Mid-Cap-DAX (MDAX) stellt als Nebenwerte-Barometer die zweite Liga deutscher Aktien dar. Die 50 mittelgroßen deutschen oder überwiegend in Deutschland tätigen Unternehmen, die nach Marktkapitalisierung und Börsenumsatz direkt auf die 30 DAX-Werte folgen, spiegeln die Kursentwicklung von vorwiegend aus klassischen Branchen, kommenden Aktiengesellschaften wider. (vgl. Kap. 4.1.1)

Zu den Mitarbeitern im Sinne von Anspruchsgruppe der Mitarbeiterkommunikation gehören alle Mitarbeiter eines Unternehmens. Dazu zählen auch z.B. Beschäftigte von Zeitarbeitsfirmen oder freie Mitarbeiter. Eine Zielgruppensegmentierung kann anhand verschiedener Faktoren wie Arbeitsaufgabe oder Position im Unternehmen erfolgen. Die Anspruchsgruppe ist demnach sehr heterogen und zudem kritisch und anspruchsvoll. Der Mitarbeiterkommunikation kommt trotz der Heterogenität die Aufgabe zu, ein Wir-Gefühl, Vertrauen und Motivation bei allen internen Zielgruppen zu erzeugen. (vgl. Kap. 4.1.2)

Nachfolgend wird die Bedeutung der Mitarbeiter für Unternehmen und damit auch die Relevanz der Untersuchung herausgestellt. Zusammenfassend wurde festgestellt, dass die Information und die kommunikative Einbindung der Mitarbeiter für den wirtschaftlichen Erfolg ausschlaggebend sind. Eine effiziente Kommunikation mit den Mitarbeitern birgt Wettbewerbsvorteile und mangelnde Mitarbeiterkommunikation kann schmerzhafte, ökonomisch messbare Auswirkungen wie z.B. hohe Fluktuationsraten nach sich ziehen. Der Nutzen effizienter interner Kommunikationsabläufe besteht vor allem in schneller Informationsverarbeitung und unternehmensinterner Entscheidungsfindung, erhöhter Produktivität bei Veränderungsprozessen sowie einer hohen Mitarbeitermotivation und -loyalität. (vgl. Kap. 4.1.3)

Für Unternehmen ist es wichtig zu wissen, welche Bedürfnisse ein Mitarbeiter überhaupt durch seine Organisationsteilnahme befriedigen möchte. Daher werden zunächst die Begriffe Bedürfnis, Motiv und Ziel (vgl. Kap. 4.2.1) in ihrem Zusammenhang erläutert und anschließend auf die Bedürfnistheorien, auch Inhaltstheorien der Motivation, die sich mit den inhaltlichen Aspekten der Motivation, d.h. mit der Frage, welche Motive Menschen leiten bzw. was Menschen motiviert, beschäftigen. Dargestellt und kritisch betrachtet werden die Inhaltstheorien: Bedürfnispyramide von Maslow (vgl. Kap. 4.2.2), die ERG-Theorie von Alderfer (vgl. Kap. 4.2.3) und die Zwei-Faktoren-Theorie von Herzberg (vgl. Kap. 4.2.4).

Der Begriff der Kommunikation umfasst die Information, gegenseitigen Austausch und Verständnis zugleich. Empfindet der Mitarbeiter ein Bedürfnis nach Kommunikation, wird dieser durch motiviertes Handeln die Bedürfniserfüllung bzw. die Reduzierung des Bedürfnismangels anstreben. Die Mitarbeiter haben ein Bedürfnis nach Ansprache, Mitwirkung und Integration. Konkret bedeutet das: persönliche Zuwendung bzw. Interesse, mehr Meinungsaustausch bzw. Diskussion, frühzeitige aktuelle, umfassende Informationen und eine offene, ehrliche Kommunikation seitens der Führungskräfte sowie Kommunikationsinhalte in Abhängigkeit von deren jeweiligen Interessen und der aktuellen Situation. Unterschieden wird dabei in aufgabenbezogene und soziale Informationen. Diese Aspekte sind wichtig für die Beantwortung der Forschungsfrage, da die potentielle Verbesserung der dargestellten kommunikativen Bedürfnisse mittels Social Media im Zentrum der Betrachtung steht. (vgl. Kap. 4.3)

Für eine Befriedigung der kommunikativen Bedürfnisse von Mitarbeitern muss demnach eine planvolle, adressenorientierte Kommunikation erfolgen und die Mitarbeiter und ihre Bedürfnisse müssen in den Mittelpunkt gestellt werden und ein Wandel von der Verteilkommunikation zu interaktiven Prozessen stattfinden. U.a. muss die Einbindung der Mitarbeiter und der Führungskräfte in leistungsfähige Kommunikationsnetze, die zugleich reine Informationsprozesse, dialogische Formen und vor allem Feedback ermöglichen müssen, erfolgen. Die Mitarbeiterkommunikation muss also die Kommunikationsprozesse derart gestalten, dass in der Wahrnehmung der Mitarbeiter aus reinen Informationen sinnstiftende Orientierungen werden. Plädiert wird hierbei für den Einsatz der persönlichen Kommunikation mittels eines vierstufigen Prozesses von Quirke. Insgesamt sollte die persönliche Kommunikation mit ihren Funktionen wie Information, Interaktion, Interpretation und Beeinflussung gerade in Zeiten von Social Media eine besondere Bedeutung haben. Social Media weisen einen stark dialogischen und partizipativen Charakter auf und können demnach insbesondere in größeren wie auch räumlich verteilten Unternehmen, wo die persönliche Kommunikation nicht praktikabel ist, bedeutend zur Zielerreichung der Mitarbeiterkommunikation beitragen, d.h. an dieser Stelle als Ersatzmedium dienen. (vgl. Kap. 4.3)

5 Zusammenfassung des Literaturteils

Im Literaturteil des Buches wurde durch Literaturarbeit aufgezeigt, welche tiefgreifenden Veränderungen in der Kommunikation durch soziale Medien hervorgerufen werden. Diese Entwicklungen machen auch vor Unternehmen nicht halt.

Das *zweite Kapitel* gewährleistet einen umfassenden Überblick über die Kommunikation mit den Mitarbeitern, welche die Studie fokussiert. Die Mitarbeiterkommunikation umfasst demnach sämtliche kommunikative und informative Vorgänge, die zwischen den Unternehmensmitgliedern ablaufen. Der Begriff der Mitarbeiterkommunikation drückt in Abgrenzung zur reinen (Mitarbeiter-)Information sehr gut die Involvierung der Mitarbeiter und das Prinzip der Wechselseitigkeit aus (vgl. Kap. 2.1). Deren für die Untersuchung bedeutenden Ziele sind Informations-, Beziehungs- und Identitätsziele sowie Motivationsziele. Letztgenannte finden Berücksichtigung, weil einem Motivationsmanagement eine besondere Bedeutung zur Erreichung der Beziehungs- und Identitätsziele zukommt (vgl. Kap. 2.2). Die Darstellung der Erfolgsfaktoren ist wichtig für die Studie, weil diese das Gelingen der digitalen Mitarbeiterkommunikation gewährleisten (vgl. Kap. 2.3). Für dieses Buch sind die formale Abwärts-, Aufwärts- und horizontale Kommunikation von Bedeutung. Die informelle Kommunikation wird unter dem Aspekt berücksichtigt, inwiefern die Social-Media-Anwendungen diese im Unternehmen ersetzen können (vgl. Kap. 2.4). Die Instrumente der Mitarbeiterkommunikation lassen sich in mündliche, schriftliche und elektronisch, digitale differenzieren, wobei die letztgenannten und hierbei die dialogorientierten, partizipativen Social Media relevant sind (vgl. Kap. 2.5). Der Forschungsstand belegt zudem die Wichtigkeit des Themas Social Media in der Mitarbeiterkommunikation und unterstreicht somit die Relevanz der Studie. (vgl. Kap. 2.6)

Das *dritte Kapitel* lenkt den Blick zunächst auf den für die Untersuchung relevanten Themenbereich Social Media im Allgemeinen und anschließend speziell auf diese in der Mitarbeiterkommunikation. Das Social Web besteht demnach aus Social-Media-Anwendungen wie z.B. Blogs, Microblogs, Wikis und sozialen Netzwerken, die für Menschen den Informationsaustausch, Beziehungsaufbau und deren Pflege, die Kommunikation sowie die kollaborative Zusammenarbeit in einem gesellschaftlichen oder gemeinschaftlichen Kontext unterstützen (vgl. Kap. 3.1). Die anschließend dargestellten Mediennutzertypologien nach ZDF/ARD Onlinestudie sowie nach Forrester verdeutlichen, dass sich Social Media Nutzer, d.h. Mitarbeiter, in Art der Nutzung der sozialen Medien unterscheiden (vgl. Kap. 3.2). Social Media Prototypen bieten einen Anwendungsüberblick (vgl. Kap. 3.3.)

und anschließend werden Faktoren dargestellt, welche die Motivation und die Anreize der Social Media Nutzung erläutern (vgl. Kap. 3.4). Das Kapitel 3.5 geht im speziellen auf Social Media in der Mitarbeiterkommunikation ein. Zum Aspekt der Notwendigkeit der Social Media Nutzung kann festgehalten werden, dass Unternehmen um den Anschluss im globalen Wettbewerb nicht zu verpassen und Social Media für eine effiziente Kommunikation und Zusammenarbeit im Unternehmen zu nutzen, die klassischen Denkmuster durchbrechen müssen. Insbesondere den sogenannten Digital Natives müssen moderne Kommunikationstools geboten werden, um von dieser Entwicklung zu profitieren und um für diese attraktiv zu sein (vgl. Kap. 3.5.1). Beim Gesichtspunkt der Unternehmens-, Führungs- und Kommunikationskultur, die als entscheidende Rahmenbedingung beim Social Media Einsatz gilt, ist es wichtig festzuhalten, dass Social Media ein kulturelles und kein technisches Thema ist. Unternehmen müssen Kompatibilität zwischen dem Social Media Einsatz und der vorhandenen Unternehmenskultur schaffen und dafür aktiv Kultur und Struktur wandeln (vgl. Kap. 3.5.2). Des Weiteren werden interne Social-Media-Anwendungen dargestellt, die zur Erreichung der Ziele im Rahmen des jeweiligen Informations-, Beziehungs-, Identitäts- und Motivationsmanagements beitragen können (vgl. Kap. 3.5.5.1; 3.5.5.2, 3.5.5.3; 3.5.5.4).

Das *vierte Kapitel* geht auf Kommunikationsbedürfnisse von Mitarbeitern und dessen Befriedigung ein. Zunächst erfolgt eine Definition der Begriffe DAX- und MDAX-Unternehmen (vgl. Kap. 4.1.1), die im Rahmen der Experteninterviews befragt werden. Zudem wird der Begriff Mitarbeiter als Zielgruppe der Mitarbeiterkommunikation (vgl. Kap. 4.1.2) definiert, um anschließend auf die wichtige Bedeutung von Mitarbeitern in Unternehmen einzugehen (vgl. Kap. 4.1.3). Für Unternehmen ist es aufgrund des vorgenannten Aspekts wichtig zu wissen, welche Bedürfnisse ein Mitarbeiter überhaupt durch seine Organisationsteilnahme befriedigen möchte. Daher werden die Begriffe Bedürfnis, Motiv und Ziel (vgl. Kap. 4.2.1) in ihrem Zusammenhang erläutert und anschließend auf die Bedürfnistheorien, auch Inhaltstheorien der Motivation, eingegangen. Dargestellt und kritisch betrachtet werden: die Bedürfnispyramide von Maslow (vgl. Kap. 4.2.2), die ERG-Theorie von Alderfer (vgl. Kap. 4.2.3) und die Zwei-Faktoren-Theorie von Herzberg (vgl. Kap. 4.2.4).

Der Begriff der Kommunikation umfasst die Information, gegenseitigen Austausch und Verständnis zugleich. Empfindet der Mitarbeiter ein Bedürfnis nach Kommunikation, wird dieser durch motiviertes Handeln die Bedürfniserfüllung bzw. die Reduzierung des Bedürfnismangels anstreben. Die Mitarbeiter haben ein Bedürfnis nach Ansprache, Mitwirkung und Integration. Konkret bedeutet das: persönliche Zuwendung bzw. Interesse, mehr Meinungsaustausch bzw. Diskussion, frühzeitige aktuelle, umfassende Informationen und eine offene, ehrliche Kommunikation seitens der Führungskräfte sowie Kommunikationsinhalte in Abhängigkeit von deren jeweiligen Interessen und der aktuellen Situation. Unterschieden wird dabei in aufgabenbezogene und soziale Informationen. Diese Aspekte sind wichtig für die Beantwortung der Forschungsfrage, da die potentielle Verbesserung der dargestellten kommunikativen Bedürfnisse mittels Social Media im Zentrum der Betrachtung steht. Zur Befriedigung der Kommunikationsbedürfnisse wird zusammenfassend für einen intensiven Einsatz der persönlichen Kommunikation im Rahmen eines vierstufigen Prozesses von Quirke plädiert (vgl. Kap. 4.3). Als abschließendes Fazit wird festgehalten, dass die Social-Media-Anwendungen einen stark dialogischen und partizipativen Charakter aufweisen. Somit können diese vor allem in größeren wie auch räumlich verteilten Unternehmen, in denen eine persönliche Kommunikation nicht praktikabel ist, bedeutend zur Aufgaben - und Zielerreichung der Mitarbeiterkommunikation beitragen (vgl. Kap. 2.5.3).

Auf die folgenden Aspekte wird vor dem Hintergrund der im Literaturteil erarbeiteten Punkte im Rahmen der Experteninterviews eingegangen, um weitere Erkenntnisse zur abschließenden Beantwortung der Forschungsfrage, zu erlangen:

- Ziele der Mitarbeiterkommunikation (vgl. Kap. 2.2), die durch den Einsatz von Social-Media-Anwendungen in den Expertenunternehmen erreicht werden sollen
- Erfolgsfaktoren eines Social Media Einsatzes (vgl. Kap. 2.3)
- interne Social-Media-Anwendungen (vgl. Kap. 2.5.3), die aktuell in den DAX- und MDAX- Unternehmen eingesetzt werden
- Motivation zur aktiven Social Media Nutzung (vgl. Kap. 3.4) in den befragten Unternehmen
- Unternehmens-, Führungs- und Kommunikationskultur als entscheidende Rahmenbedingung (vgl. Kap. 3.5.2) wird mit der Frage aufgegriffen, wie Social-Media-Anwendungen dazu beitragen können, diese weiterzuentwickeln und zu fördern, und zudem wird die aktuelle Kultur in den befragten Unternehmen ermittelt
- der Ersatz des informellen Flurfunks durch Social Media, da Mitarbeiter diesen laut Literatur zur Meinungsbildung nicht mehr benötigen (vgl. Kap. 3.5.3)
- Kommunikationsbedürfnisse von Mitarbeitern sowie deren Befriedigung (vgl. Kap. 4.3), indem zum einen untersucht wird, was die Experten unter diesen verstehen

und zum anderen welche Inhalte und Botschaften zu deren Befriedigung eingesetzt werden

Unter Berücksichtigung aller Teilaspekte des Literaturteils kann eine Teilbeantwortung der Forschungsfrage auf dessen Basis erfolgen: Zusammenfassend besteht laut Literatur das Bedürfnis der Mitarbeiter nach Ansprache, Mitwirkung und Integration. Zur Befriedigung dieser kommunikativen Mitarbeiterbedürfnisse müssen laut der Literatur zunächst die Mitarbeiter und deren Bedürfnisse in den Mittelpunkt gestellt werden. Dies erfordert eine konsequente Ausrichtung der Mitarbeiterkommunikation an Orientierungswerten, die Vermittlung von Inhalten mit orientierenden Inhalten wie Zielen und Botschaften und die Einbindung der Mitarbeiter und Führungskräfte in leistungsfähige Kommunikationsnetze, die zugleich reine Informationsprozesse, dialogische Formen und vor allem Feedback ermöglichen. Plädiert wird in der Theorie für eine intensive persönliche Kommunikation mit ihren Funktionen wie Information, Interaktion, Interpretation und Beeinflussung und das insbesondere in Zeiten von Social Media (vgl. Kap. 4.3).

Insbesondere aufgrund der Möglichkeit der schnellen Vermittlung zeitkritischer Informationen an große Zielgruppen über große Distanzen hinweg können Social-Media-Anwendungen laut Literatur zu einer verbesserten Befriedigung des Bedürfnisses nach Informationen beitragen (vgl. Kap. 2.5.3 und 3.5.5.1). Zusätzlich offerieren diese laut Literatur eine Dialogmöglichkeit (vgl. Kap. 2.5.3) und somit die Chance auf Dialog und Feedback (vgl. Kap. 3.5.3), wonach diese zu einer verbesserten Befriedigung der Bedürfnisse nach Dialog und Feedback beitragen können. Zudem kann hier der Vergleich mit den klassischen Medien der Face-to-Face-Kommunikation sowie der Printmedien erfolgen:

Es kann laut Literatur festgehalten werden, dass die Social-Media-Anwendungen ähnlich der persönlichen Kommunikation einen stark dialogischen und partizipativen Charakter aufweisen und somit insbesondere in größeren und räumlich verteilten Unternehmen, wo die persönliche Kommunikation nicht praktikabel ist, zu einer verbesserten Bedürfnisbefriedigung beitragen können (vgl. Kap. 2.5.3 und 4.4). Den Printmedien fehlt im Vergleich zu den Social-Media-Anwendungen Kontakt und Rückmeldung (vgl. Kap. 2.5.2 und 2.5.3). Diese müssen laut der Literatur ihre spezifischen Vorteile gegenüber Social Media nutzen und mit anderen Medien vernetzt werden (vgl. Kap. 2.5.2). Insbesondere aufgrund des fehlenden Zugangs zu Social Media z.B. in Produktion oder Vertrieb können Social-Media-Anwendungen diese laut Literatur nicht ersetzen und demnach hier nicht zu einer verbesserten Bedürfnisbefriedigung beitragen (vgl. Kap. 2.5.3 und 3.5.1).

6 Untersuchungsdesign: Qualitatives Vorgehen

Im Literaturteil der Untersuchung wurden erste theoretische Ansätze zum Thema Social Media in der Mitarbeiterkommunikation formuliert, die es in der Empirie zu überprüfen gilt, um die Beantwortung der Forschungsfrage (vgl. Kap. 1.3) vorzunehmen.

Die folgende empirische Analyse erfolgt auf Basis der empirischen Sozialforschung, um die Kommunikationsaktivitäten im Social Web als soziale Erscheinung zu erfassen, die auch Auswirkungen auf die kommunikativen Bedürfnisse von Mitarbeitern sowie deren Befriedigung haben (vgl. Atteslander 2010: 5). Der Grundgedanke der quantitativen Sozialforschung – analog der Tradition des Empirismus, Sensualismus und Positivismus – ist, dass die Wahrnehmung der Welt ausschließlich über die menschlichen Sinne erfolgt. Demnach läuft soziales Leben nach bestimmten Regelmäßigkeiten ab und der Forscher kann es von außen in seinem Ablauf beobachten und prinzipiell erklären. In der qualitativen Sozialforschung hingegen ist der Mensch nicht nur ein Untersuchungsobjekt, sondern auch ein erkennendes Objekt (vgl. Mayring 2002: 19 f. und 24; Lamnek 2010: 30). Es geht darum, Prozesse zu rekonstruieren, durch welche die soziale Wirklichkeit in ihrer sinnhaften Strukturierung hergestellt wird (vgl. Lamnek 2010: 30). Gläser und Laudel (2010: 13) nennen diese vorgenannte Art der Untersuchungen demnach auch „rekonstruierende Untersuchungen“. Die qualitative Sozialforschung eignet sich somit für die Beantwortung der Forschungsfrage dieser Untersuchung sehr gut.

Die Marktforschung unterscheidet laut Kuß und Eisend (vgl. 2010: 34) in die unterschiedlichen Untersuchungstypen: explorativ, deskriptiv oder kausal. Ein exploratives Untersuchungsdesign ist angemessen, wenn über den Forschungsgegenstand wenige Informationen vorliegen und der Forscher möglichst vielfältige und tiefgehende Einsichten gewinnen möchte (vgl. Kuß / Eisend 2010: 34 f.). Das deskriptive Untersuchungsdesign ist demgegenüber auf quantifizierbare Angaben ausgerichtet und repräsentativ angelegt (vgl. Kuß / Eisend 2010: 34 f.) und zielt darauf Häufigkeiten, Anteile, Durchschnittswerte und andere Verteilungsmerkmale sozialer Aktivitäten, Einstellungen und sonstiger Variablen einer Bevölkerungsgruppe zu schätzen (vgl. Diekmann 2006: 31). Die kausale Untersuchung widmet sich Kausalbeziehungen und prüft, ob ein Merkmal ursächlich für das Auftreten eines anderen ist (vgl. Kuß & Eisend 2010: 37).

In Anbetracht des vorliegenden Untersuchungsziels wird der explorative Untersuchungstyp gewählt, um den Forschungsgegenstand zu evaluieren, weil aktuell keine Informationen über das Forschungsthema der Studie vorliegen und tiefgehende Einsichten gewonnen werden sollen. Die gebräuchlichsten Techniken dieser Marktforschung sind Einzelfallstudien, Experteninterviews und Data Mining. Allerdings eignen sich weder Einzelfallstudien noch Data Mining als automatisierte Analyse großer Datenbestände (vgl. Kuß / Eisend 2010: 35 f.) für das Erreichen des Untersuchungsziels.

Daher werden um die Bedeutung von Social-Media-Anwendungen bezogen auf die Mitarbeiterkommunikation zu untersuchen, nichtstandardisierte Leitfadeninterviews mit Experten nach der Definition von Gläser und Laudel (2010: 41 f.) geführt. Diese charakterisieren das Leitfadeninterview als einen Typ nichtstandardisierter Interviews, bei dem der Interviewer eine vorbereitete Liste offener Fragen, den sogenannten Leitfaden, zur Grundlage des Gesprächs macht (vgl. Gläser / Laudel 2010: 111).

6.1 Experteninterviews

Das Vorgehen erfolgt wie bereits dargestellt mit Hilfe von Experteninterviews um in offenen, nichtstandardisierten Leitfadeninterviews auch unerwartete Ansätze des Themas erfassen zu können. Diese sozialwissenschaftliche Erhebungsmethode empfiehlt sich demnach immer:

> wenn in einem Interview mehrere unterschiedliche Themen behandelt werden müssen, die durch das Ziel der Untersuchung und nicht durch die Antworten des Interviewpartners bestimmt werden, und wenn auch einzelne, genau bestimmbare Informationen erhoben werden müssen. (Gläser / Laudel 2010: 111)

Beides trifft für das Experteninterview als rekonstruierende Untersuchung zu. Um soziale Sachverhalte rekonstruieren zu können, werden Menschen befragt, die aufgrund ihrer Beteiligung Expertenwissen über die zu untersuchenden Sachverhalte erworben haben (vgl. Mayring 2002: 66; Gläser / Laudel 2010: 221). Ziel ist es, mit dem Interviewpartner ein freies Gespräch zu entwickeln, so dass die von ihm vorgebrachten Aspekte mit in das Ergebnis einfließen können (Mayring 2002: 69; Gläser / Laudel 2010: 211).

Bei nichtstandardisierten Interviews sind weder die Fragen des Interviewers noch die Antworten des Interviewpartners vorgegeben. Leitfadeninterviews sind eine spezielle Variante von nichtstandardisierten Interviews. Der Interviewleitfaden stellt dabei sicher, dass das relevante Kriterienraster angesprochen wird, aber dennoch genügend Freiraum für individuelle Aussagen gelassen wird. Hierbei sind weder die Frageformulierungen noch die Reihenfolge der Fragen verbindlich. „Offene Fragen“ meint in diesem Zusammenhang, dass die Fragen offen hinsichtlich der Antwortmöglichkeiten der Interviewpartner sind. Kurze Antworten sollten vermieden werden. Es sollte eher ein Dialog zwischen den beiden Interviewpartnern zustande kommen. Es können auch Fragen außer der Reihe gestellt werden, um das Interview weitestgehend einem natürlichen Gesprächsverlauf anzunähern. Zudem können Fragen oft nur vollständig beantwortet werden, wenn zu einer Antwort Nachfragen gestellt werden können, die nicht im Leitfaden formuliert sind. Dieser ist demnach eher eine Art Richtschnur (vgl. Mayring 2002: 66 - 72; Gläser / Laudel 2010: 41 f.). Experteninterviews werden in der Regel als leitfadengestützte Interviews geführt (vgl. Gläser / Laudel 2010: 41 f.).

Die spezielle Methode der Experteninterviews wird im Rahmen dieser Studie mit dem Ziel bzw. zu dem ganz bestimmten Zweck eingesetzt, das besondere Wissen der in die Situationen und Prozesse involvierten Menschen zu erheben, um die kommunikativen Bedürfnisse von Mitarbeitern in Zeiten von Social Media abbilden zu können und einen Vergleich zwischen diesen und der „Realität" zu ermöglichen. Durch die Expertenbefragungen sind im Hinblick auf derzeitige aktuelle Entwicklungen der neuen sozialen Medien neue Erkenntnisse zu erwarten, die bei den Mitarbeitern bislang keine Rolle spielten.

Zielgruppe der Befragung

Um eine breite Sichtweise auf die Thematik und möglichst viele relevante und gesicherte Erkenntnisse zur Beantwortung der Forschungsfrage zu erhalten wurden 15 Leitfadeninterviews mit Experten aus folgendem Bereich durchgeführt:

- Verantwortliche aus dem Bereich (Interne) Unternehmenskommunikation aus DAX- und, oder MDAX-Unternehmen, die sich aktiv mit dem Thema „Social Media Einsatz in der Mitarbeiterkommunikation" beschäftigt haben bzw. beschäftigen z.B. in Form von analytischer, strategischer oder taktischer Gestaltung. Bei der Voranfrage wurde bereits geklärt, ob die genannten Kriterien bei den potenziellen Interviewpartnern zutreffen.

Im Interview wurden verschiedene im Leitfaden vorbereitete Themenbereiche abgefragt, welche der zentralen Frage nachgehen, welche Potenziale der Einsatz von Social Media Tools in der Mitarbeiterkommunikation bietet, um eine verbesserte kommunikative Bedürfnisbefriedigung der Mitarbeiter zu erreichen. Es wurde darauf geachtet, dass diese Experten sowohl Berührung mit den klassischen Instrumenten der Mitarbeiterkommunikation als auch mit der Social Media Kommunikation haben, um eine objektive Betrachtungsweise auf die Veränderungen in dem Bereich zu ermöglichen. Zudem ist theoretisches und praktisches Wissen im Bereich Social Media notwendig. Die Durchführung der Interviews erfolgte zwischen dem 31. Mai. und dem 11. Juli 2012. Das kürzeste Interview beträgt 18:01 Minuten und das längste Interview dauerte 41:37 Minuten. Im Schnitt wurde eine Interviewdauer von 31 Minuten erreicht.

Insgesamt wurden Experten aus den 30 DAX- und den 50 MDAX-Unternehmen angefragt. Davon kamen sieben Interviews mit DAX-Unternehmen und zehn Interviews mit MDAX-Unternehmen zustande, wobei von den letztgenannten zwei Interviews im Nachgang aufgrund des fehlenden Erkenntnisgewinns nicht berücksichtigt werden konnten. Zehn weitere MDAX-Unternehmen äußerten, dass sich das Thema Social Media in der Mitarbeiterkommunikation in ihrem Unternehmen derzeit in der Konzeptionsphase befände, und sie somit noch keine Aussagen treffen könnten.

Die Interviews erfolgten telefonisch. Während des Telefonats erfolgte mit Einwilligung die elektronische Tonaufzeichnung. Aufgrund des Wunsches der Anonymisierung der Interviews von sieben der fünfzehn Experten, wurden sämtliche Daten anonymisiert. Im Gegenzug wurde den Interviewpartnern das zur Verfügung stellen der Untersuchung nach Abschluss und Bewertung durch die Donau-Universität Krems angeboten.

Die Darstellung der Experten erfolgt im Folgenden anonymisiert. Die Anzahl der Mitarbeiter wurde in Kategorien eingeteilt. Es wurden demnach zwei Unternehmen mit einer Mitarbeiteranzahl größer oder gleich 200.000, zwei Unternehmen mit einer Mitarbeiteranzahl größer oder gleich 100.000, fünf Unternehmen mit einer Mitarbeiteranzahl größer oder gleich 50.000, zwei Unternehmen mit einer Mitarbeiteranzahl zwischen 20.000 und 30.000 sowie vier Unternehmen mit einer Mitarbeiteranzahl zwischen 1.000 und 5.000 Mitarbeitern befragt.

Experte / Unter-nehmen	Funktion	Branche	DAX / MDAX	Anzahl d. Mit-arbeiter	Dauer des Interviews (gerundet)	Datum des In-terviews (2012)
1	Leitung Social Media und Corporate Messaging	Industrie	DAX	≤ 100.000	20	31.05
2	Leitung globale interne Kommunikation	Handel	DAX	≤ 50.000	38	08.06
3	Leitung interne und online Kommu-nikation	Versorger	DAX	≤ 50.000	31	12.06
4	Referent HR-Kommunikation	Handel	MDAX	20.000 - 30.000	42	18.06
5	Leitung interne Kommunikation	Versorger	MDAX	1.000 - 5.000	37	19.06
6	Leitung Media Online-Relations	Verkehr	MDAX	≤ 50.000	25	19.06
7	Senior Manager Corporate Commu-nications	Industrie	MDAX	1.000 - 5.000	36	20.06
8	Leitung Bildredaktion, Dokumentati-on und eBase	Verkehr	DAX	≤ 100.000	34	20.06
9	Leitung Investor Relations	Industrie	MDAX	1.000 - 5.000	24	21.06

Experte / Unter-nehmen	**Funktion**	**Branche**	**DAX / MDAX**	**Anzahl d. Mit-arbeiter**	**Dauer des Interviews (gerundet)**	**Datum des Interviews (2012)**
10	Senior Manager Corporate Communi-cations	Versorger	DAX	≤ 200.000	38	21.06
11	Leitung Media Design und Service (Marketing)	Industrie	MDAX	1.000 - 5.000	27	25.06
12	Leitung Mitarbeiterkommunikation	Industrie	MDAX	20.000 - 30.000	19	28.06
13	Manager interne Kommunikation	Handel	DAX	≤ 200.000	29	04.07
14	Leitung Konzernmedien und Produkt-kommunikation	Technologie	DAX	≤ 50.000	26	05.07
15	Referent Kommunikation	Baubranche	MDAX	≤ 50.000	39	10.07

Tabelle 2: Anonymisierung der Experten
Quelle: eigene Darstellung

6.2 Durchführung

Auf der Grundlage des erstellten Leitfadens erfolgte zunächst ein Pretest mit einem zusätzlichen Experten zur Feststellung von Nachvollziehbarkeit, Struktur und Relevanz der angesprochenen Themen. Der Pretest bestätigte den erstellten Fragebogen hinsichtlich der vorgenannten Aspekte.

Anschließend wurde der Kontakt zu den Experten per E-Mail mit einer ersten Darstellung der Thematik, einer Definition der Interviewlänge und Informationen zur Person der Autorin hergestellt. Dies hatte den Vorteil, dass die unbekannten Interviewpartner einen persönlichen Bezug mit thematischer Einordnung des Interviewers und des folgenden Interviews erhielten, so dass ggfls. die Schwelle zum nächsten Kontakt sinken konnte. Die Terminvereinbarung erfolgte zumeist aufgrund der vorangegangenen E-Mail der Autorin per E-Mail oder telefonisch seitens der angefragten Experten.

Im nächsten Schritt folgte der telefonische Kontakt zur Durchführung des Interviews mit jedem einzelnen Experten. Diese befanden sich an ihrem jeweiligen Arbeitsplatz. Es wurde das Einverständnis zur Aufzeichnung des Interviews eingeholt und dessen mögliche Anonymisierung angesprochen unter der Angabe, dass die jeweilige Entscheidung nach dem Interview auch widerrufen werden kann. Als Einleitung wurden die Experten um Daten zu ihrer Person wie Name, Funktion in der Organisation, Position, Alter, Geschlecht, Werdegang und Dauer der Unternehmenszugehörigkeit und allgemeine Daten zum Unternehmen wie Name und Mitarbeiteranzahl gebeten. Anschließend erfolgte das leitfadengestützte Experteninterview.

6.3 Auswertung

Die aufgezeichneten Interviews wurden mittels wörtlicher Transkription in normales Schriftdeutsch übertragen. Dabei wurde auf eine wortgenaue Übertragung geachtet, die aber z.B. Floskeln sowie Denk- und Sprechpausen außen vor ließ, solange dieser der Aussage keine andere Bedeutung verliehen.

Im Anschluss wurde eine adäquate Methode gesucht um die Menge an Inhalten auf die Kernaussagen zu reduzieren und mit den theoretischen Erkenntnissen vergleichbar zu machen. Daher erfolgte die Auswertung mittels einer qualitativen Inhaltsanalyse in Anlehnung an Gläser und Laudel (2010: 200 und 202 ff.). Mit dieser Analyse wurde eine von den Ursprungstexten verschiedene Informationsbasis geschaffen, die nur noch die für die Beantwortung der Forschungsfrage relevanten Informationen enthielt. Grundlage bilden die Transkriptionen der geführten Interviews, aus denen Informationen systematisch extrahiert, aufbereitet und in einer Tabelle ausgewertet werden. Der Ablauf der qualitativen Inhaltsanalyse gliederte sich in vier Hauptschritte:

1. **Vorbereitung der Extraktion**: Fixierung des Materials und Festlegung der Analyseeinheit, Aufnahme von aus Theorie bekannten Ausprägungen der Variablen, Bestimmung von Indikatoren
2. **Extraktion**: Materialdurchlauf, dabei Interpretation und Extraktion der Informationen über Ausprägungen von Variablen
3. **Aufbereitung**: Sortierung nach zeitlichen oder sachlichen Aspekten, Zusammenfassen bedeutungsgleicher Informationen, Beseitigung elementarer Fehler
4. **Auswertung**: Analyse von „Fällen“ und fallübergreifenden Zusammenhängen wie berichtete Kausalzusammenhänge, gemeinsames Auftreten von Merkmalsausprägungen, Typisierungen usw.

Dadurch, dass die Informationen Kategorien zugewiesen wurden, die ihrerseits zu großen Teilen auf den theoretischen Vorüberlegungen basieren, konnten aus der Gesamtheit aller Ergebnisse diejenigen herausgefiltert werden, die für die Arbeit relevant sind. Um jederzeit im Ursprungstext kontrollieren zu können, ob die Informationen inhaltlich korrekt wiedergeben wurden und die Interpretationen gerechtfertigt sind, wurden die Quellenangaben mit Verweis auf die jeweilige Textstelle mitgeführt. Auf Basis der Literaturarbeit, der Forschungsfrage sowie dem Verlauf der Interviews kristallisierten sich die folgenden Kategorien heraus, in welche die extrahierten relevanten Interviewinhalte einflossen:

- Kommunikationsbedürfnisse
- Befriedigung der Kommunikationsbedürfnisse
- Social-Media-Anwendungen
- Ziele und Stellenwert von Zielen zur Bedürfnisbefriedigung
- Erfolgsfaktoren
- Ersatz oder Ergänzung persönlicher und schriftlicher Kommunikation
- Ersatz informeller Kommunikation
- Förderung von Mitarbeiterloyalität und Vertrauen
- Förderung und Weiterentwicklung von Unternehmens-, Führungs- und Kommunikationskultur

- Motivation zur aktiven Teilnahme
- Evaluation der Bedürfnisbefriedigung
- Zukünftige Entwicklung

Eine Ergänzung oder Veränderung der Kategorien war aufgrund der hohen inhaltlichen Vergleichbarkeit nicht notwendig, d.h. es gab keine relevanten Informationen im Text, die nicht in das Kategoriensystem passten.

7 Analyse der Untersuchungsergebnisse

In diesem Kapitel erfolgt die Zusammenfassung der empirischen Untersuchungsergebnisse. Die Aussagen der Experten werden in zusammengefasster Form dargestellt, wobei die Verknüpfung zwischen den Kategorien notwendig ist. Damit soll die Basis für die Zusammenführung von Theorie und Empirie gelegt werden.

Vorweggeschickt werden kann, dass im Rahmen der Experteninterviews auffällt, dass es einige Kategorien gibt, zu denen alle Experten einen Beitrag leisten konnten und bei anderen wiederum aufgrund des relativ neuen Einsatzes von Social Media nur wenige relevante Erfahrungswerte vorliegen. Einige Kategorien sind daher bausteinartig aus den verschiedenen, einzelnen Faktoren zu einem Ganzen zusammengesetzt. Zudem variieren die Antworten z.B. bei der Frage nach den eingesetzten Social-Media-Anwendungen. Diese unterscheiden sich von einem zum anderen Experten, was angesichts der verschiedenen Unternehmensgrößen, -branchen, -ziele und der jeweiligen Strategie im Rahmen der Mitarbeiterkommunikation nicht verwundert. Zu bedenken sind an dieser Stelle auch die teilweise stark voneinander abweichenden Mitarbeiterzahlen. Insgesamt kann dennoch festgehalten werden, dass die Antworten bzw. das genutzte Fachvokabular der Experten darauf schließen lassen, dass fundierte theoretische und praktische Kenntnisse bezüglich der abgefragten Themengebiete vorliegen.

7.1 Kommunikationsbedürfnisse von Mitarbeitern und Befriedigung

Im Zentrum der Untersuchung steht die Frage, wie durch Social-Media-Anwendungen die Kommunikationsbedürfnisse von Mitarbeitern besser berücksichtigt werden können. Vor dem Hintergrund wurden die Experten zunächst gefragt, was sie unter diesen verstehen.
Die Experten 2, 4 und 12 betonen zunächst die Vielschichtigkeit und Unterschiedlichkeit der **Kommunikationsbedürfnisse von Mitarbeitern**. Bis auf die Befragten 1, 4 und 7 nennen alle Experten das Bedürfnis von **Informationen** an erster Stelle, was deren Bedeutung unterstreicht. Übereinstimmung herrscht darüber, dass diese schnell bzw. zeitnah, aktuell, umfassend und aus erster Hand sein sollen. Mitarbeiter benötigen demnach: 1. **aufgabenbezogene** Informationen: zum Auffinden von Ansprechpartnern, relevanten Vorlagen und Dokumenten, Informationen über den Zugang zu Prozessen, Informationen über die Arbeitsaufgabe und deren Handlungsspielraum zur Zielerreichung, Informationen zu Hintergründen und Zusammenhängen. Ziel ist es, eine bestmögliche Aufgabenerfüllung zu gewährleisten, 2. **unternehmensbezogene** Informationen: zu aktuellen Ge-

schehnissen und Themen rund um das Unternehmen und dessen Umwelt wie z.B. Politik, Unternehmensstrategie, -zielen und -weiterentwicklung. Ziel ist es, Verständnis und Nachvollziehbarkeit sowie eine positive Einstellung gegenüber unternehmerischen Belangen bei den Mitarbeitern zu erreichen, 3. **mitarbeiterbezogene** Informationen: personenbezogene Themen und „weiche" Themen für eine Stärkung des Zusammengehörigkeitsgefühl auch über nationale Grenzen hinaus, eine erhöhte Verbundenheit bzw. Loyalität gegenüber dem Unternehmen, eine Erhaltung und Steigerung der Motivation sowie Integration und Identifikation mit dem Unternehmen.

Die Experten 1, 4 und 7 nennen den **Dialog** im Sinne von gegenseitigem Austausch an erster Stelle und die anderen Experten nennen diesen an zweiter Stelle nach dem Aspekt der Information. Eine Ausnahme bildet der Experte 9, tätig in einem MDAX-Industrieunternehmen mit 1.000 - 5.000 Mitarbeitern, für den die kommunikativen Bedürfnisse den Austausch von Mitarbeitern eher weniger umfassen. Ein eindeutiger Rückschluss auf Branche und, oder Mitarbeiterzahl ist aufgrund des ebenfalls im MDAX gelisteten Industrieunternehmens 7 mit gleicher Mitarbeiteranzahl nicht möglich. Im Zusammenhang mit dem Begriff Dialog wird darauf eingegangen, dass die Mitarbeiter das Bedürfnis haben auch eigene Anliegen, Themen, Interessen oder Meinungen zum Ausdruck zu bringen und dass sie gehört werden wollen. Den Mitarbeitern muss demnach laut den Experten überhaupt erst einmal die Möglichkeit gegeben werden, sich beteiligen zu können. Erforderlich ist dafür ein Rückkanal, der Dialog schaffen kann.

Die Aspekte der Unternehmenskultur, der **offenen Kommunikation bzw. Feedbackkultur** sowie **Wertschätzung und Verständnis** der Mitarbeiter nennen sämtliche Experten im Verlauf der Interviews. Zusammenfassend beinhalten die kommunikativen Bedürfnisse demnach „einerseits Information [...] und andererseits auch die Möglichkeit zu einem Austausch über Dinge, die Mitarbeiter bewegen, interessieren und wo sie einen Gesprächsbedarf haben" (Experte 10) und zudem „die Wertschätzung und offene Feedback-Kultur. Indem wir den Mitarbeitern ermöglichen, uns offen Feedback zu geben, zeigen wir auch Wertschätzung und Verständnis ihnen gegenüber" (Experte 1).

Zur **Befriedigung der kommunikativen Mitarbeiterbedürfnisse** müssen laut den Befragten 2, 3 und 4 zunächst die einzelnen Medien und Inhalte klar strukturiert sein, d.h. es muss strategisch vorgegangen werden. Zudem kann festgehalten werden, dass der überwiegende Teil der Experten 1, 2, 3, 4, 6, 7, 8, 9, 10, 11, 12 und 13 **keine speziellen Themen für die Social Media** Kanäle entwickelt. Ein Thema wird durch alle relevanten

Kanäle verbreitet, wobei das Thema kanalspezifisch angepasst wird z.B. mehr Hintergrundwissen in der Mitarbeiterzeitung. Zudem erfolgt eine **Verknüpfung der neuen und der klassischen Medien** merkt Experte 15 an. Lediglich die Experten 5 und 14 greifen Themen auf, die speziell für Social Media relevant sind bzw. aus den dortigen Diskussionen entstehen und damit als relevant und wichtig für die Social Media Nutzer erachtet werden. Die Inhalte und Botschaften zur Befriedigung der vorgenannten kommunikativen Bedürfnisse sind quantitativ so umfangreich, dass sie zusammengefasst dargestellt werden: 1. Inhalte und Botschaften zur Befriedigung des Bedürfnisses nach **Information** umfassen laut den meisten Experten 2, 3, 4, 5, 6, 8, 9,12 und 13 an erster Stelle die top-down Vermittlung der Unternehmensstrategie, -ziele, -werte und -zukunft, welche in der Art aufbereitet werden müssen, dass diese für den Mitarbeiter relevant sind. Experte 2 dazu: „Wenn ein Thema zu sehr an der Oberfläche ist [...] berührt es mich als einzelnen Mitarbeiter eher wenig." Des Weiteren werden aktuelle Nachrichten rund um das Unternehmen wie z.B. Werkschließungen, Unternehmenszukäufe, Vorstandswechsel und offizielle Ankündigungen erwähnt. Zudem werden laut den Experten unterschiedlichste Themen aufgegriffen wie z.B. attraktiver und sicherer Arbeitgeber, Sozialleistungen, Betriebssportgruppen, Gesundheitskampagnen oder -angebote, kulturelle Themen wie z.B. Frauenförderung, mitarbeiterfokussierte Berichte aus Unternehmensbereichen, Informationen für spezifische Zielgruppen wie z.B. Personalleiter, Gesundheitsmanagement oder Arbeitssicherheit. 2. Um das Bedürfnis nach **Dialog** seitens der Mitarbeiter zu befriedigen, wird von den meisten Experten 1, 4, 9, 10, 12 und 14 die Möglichkeit des Rückkanals von Medien betont in Form von Kommentaren, Bewertungen, dem Einbringen von eigenen Ideen und der Möglichkeit Fragen zu stellen. In diesem Zusammenhang spielen eine besondere Rolle das um Dialogfunktionen erweiterte Intranet und gleichermaßen andere Social-Media-Anwendungen. Zudem verweisen die Experten 4, 12 und 14 auf die persönliche Kommunikation wie z.B. Mitarbeiterversammlungen und Führungskräftekommunikation, um zuzuhören und sich auszutauschen. 3. **Wertschätzung und Verständnis** wird laut den meisten Experten durch den Aspekt des Zuhörens und Austauschens deutlich. Insbesondere die Kultur im Unternehmen im Sinne von erwünschtem Feedback wird zudem vom Experten 1 angesprochen. Im Rahmen der Experteninterviews wird deutlich, dass die Wertschätzung der Mitarbeiter beim überwiegenden Teil der Experten eine besondere Bedeutung hat.

7.2 Interne Social-Media-Anwendungen

Die eingesetzten **Social-Media-Anwendungen** unterschieden sich von Experte zu Experte, was angesichts der verschiedenen Unternehmensgröße, -branche, -ziele und der jeweiligen Strategie im Rahmen der Mitarbeiterkommunikation nicht verwundert. Zu bedenken, sind an dieser Stelle auch die teilweise stark voneinander abweichenden Mitarbeiterzahlen. Zusammenfassend nennen die meisten Experten an erster Stelle die Kommentarfunktion, die Dialog schaffen soll, und entweder im Intranet oder in Social-Media-Anwendungen integriert ist. Experte 5 meint dazu, dass Mitarbeiter dadurch relativ unkompliziert kommentieren und inhaltlich diskutieren können. Des Weiteren wird von diesen Experten die Integration von Blogs, Foren und Wikis benannt.

Die Experten 1, 8 und 15 geben an, in ihren Unternehmen, zwei DAX- Unternehmen mit jeweils mehr als 100.000 Mitarbeitern und ein MDAX-Unternehmen mit ca. 75.000 Mitarbeitern, **interne Social Software**, die verschiedene Social-Media-Anwendungen wie z.B. Blogs, Foren, Wikis unter einem Dach vereint, zu nutzen. Experte 1 verdeutlicht, dass damit letztlich eine globale Vernetzung und Kollaboration ermöglicht werden soll. Experte 15 betont die **Communities bzw. Gruppen** im unternehmensinternen Community Network, die jeder Mitarbeiter beantragen, starten, bekanntmachen und sich in diesen austauschen kann. Die Themen reichen von fachbezogenen, unternehmensbezogenen, produktbezogenen Inhalten wie z.B. neue Produktkampagnen oder Freizeitaktivitäten. In dem Social Network von Experten 10 kommt dem Aspekt, dass Communities von Mitarbeitern zu Themen aller Art, eröffnet werden können wie z.B. eine Zocker-Gruppe oder eine Vegetarier-Gruppe, eine besondere Bedeutung zu. Experte 10 verdeutlicht dazu:

> Dieses [..] Social Network ist im Prinzip: ein Ort für alle Mitarbeiter, um Wissen und Information zu teilen und zu verfolgen, was im Unternehmen passiert; ein Ort, auf dem man zu jeder Zeit und von jedem Ort zugreifen kann und die Mitarbeiter haben alle Möglichkeiten, ihre Interessen da abzubilden.

Zudem nennen drei Experten 3, 13 und 14 auch den Einsatz von **Q&A-Communities**, die den Mitarbeitern eine niedrigschwellige Möglichkeit bieten, Fragen an das Top-Management zu stellen und die Antworten anschließend für alle Mitarbeiter sichtbar sind.

Blogs, Foren und Wikis werden von einigen Experten 2, 3, 7 und 13, neben der Integration im Intranet, auch als selbständige Social-Media-Anwendungen aufgezählt. Die Experten 3 und 7 verdeutlichen zu den **Foren**, die eine typische Art von Community sind, dass diese als Fachforen, in denen Mitarbeiter sich zu fachspezifischen Themen austauschen können, genutzt werden. Grund für den Einsatz von Foren ist laut den vorgenannten Experten vor allem die Förderung von Austausch unter den Mitarbeitern, Zusammenarbeit, also Kollaboration, und auch der Aufbau von Beziehungen zwischen den Mitarbeitern. Experte 2 und Experte 3 nennen als Thema der **Blogs** vor allem Nachrichten zu und aus den einzelnen Unternehmensbereichen von Seiten der Mitarbeiterkommunikation, womit eine authentische, direkte und persönliche Information gegeben ist. Die Eröffnung von Dialogmöglichkeiten erfolgt laut den Experten ebenfalls über die Kommentarfunktion. Ein CEO-Blog, der wie andere Blogs auch die Dialogmöglichkeit über die Kommentarfunktion eröffnet, wird von den Experten 3 und 7 erwähnt. In beiden Fällen wurde dieser aufgrund der fehlenden Beteiligung der Mitarbeiter eingestellt. Die **Wikis** unterscheiden sich in unternehmensweite und projektbezogene und dienen laut den Experten 2, 3 und 13 dem Informations- und Wissensmanagement. Der Experte 3 nennt in diesem Zusammenhang auch den Beziehungsaufbau, insbesondere vor dem Hintergrund international zusammenarbeitender Teams mit Hilfe eines Wikis. Experte 2 nennt den Einsatz eines von den Mitarbeitern viel genutzten **Instant-Messaging-Systems**, um Kommunikation und Zusammenarbeit in Echtzeit zu unterstützen. Experte 14 erwähnt den Einsatz eines **„Internen Twitters"**, also einem Microblog.

7.3 Ziele und Erfolgsfaktoren des Social Media Einsatzes

Vorweggeschickt werden soll, dass die **Ziele** zur Befriedigung der kommunikativen Bedürfnisse von den meisten Experten nicht getrennt von den Unternehmenszielen gesehen werden, d.h. diese besitzen keinen gesondert ausgewiesenen Stellwert, sondern fließen laut dem Befragten 2 mit ein. Als nach einer Tendenz wie „niedriger oder hoher Stellenwert" nachgefragt wurde, stimmten sämtliche Experten einem hohen Stellenwert zu. Das wichtigste Ziel eines Social Media Einsatzes ist es laut dem überwiegenden Teil der Experten 1, 2, 3, 4, 5, 6, 7, 8, 9, 10, 12 und 14 **Dialog zu schaffen bzw. zu initiieren bzw. Interaktion und Partizipation zu erreichen**. Auch an dieser Stelle wird der Aspekt des Feedbacks von den Mitarbeitern vom Experten 1 und der Unternehmenskultur vom Befragten 6 angesprochen. Experte 6 dazu:

> Grundsätzlich ist es erstmal der zaghafte Versuch, die Menschen überhaupt dahin zu führen, dass Dialog und Feedback gewünscht ist. Das ist ja immer auch zunächst eine Frage von Unternehmenskultur, das war ja lange Zeit nicht so. Und damit meine ich [...] grundsätzlich nahezu jedes Unternehmen. Jedenfalls ist mir keines bekannt, was es [Social Media] schon seit geraumer Zeit betreibt.

Die Experten 1, 7, 8 und 10 nennen die gemeinsame Zusammenarbeit, also die **Kollaboration**, und die Experten 7, 13 und 14 den **Wissensaustausch** ebenfalls als Ziele. Zwei Experten 7 und 14 nennen als Ziel zudem die **Identifikation** im Sinne einer Verbundenheit der Mitarbeiter mit dem Unternehmen. Das Ziel der **Loyalität** im Sinne einer Bindung der Mitarbeiter an das Unternehmen, das eng mit der vorgenannten Identifikation verbunden ist, nennen die Experten 4, 6, 11 und 9. Zwei der Befragten 4 und 9 nennen **Motivation** als Ziel.

Als Grundvoraussetzung und damit gleichzeitig als einer der **Erfolgsfaktoren** wurde die **technische Verfügbarkeit** genannt, d.h. die Computer und die Anwendungen müssen dem jeweiligen Mitarbeiter laut den Experten 7 und 14 zur Verfügung stehen. Im Rahmen der Interviews stellt sich heraus, dass einige Mitarbeiter mittels Social Media nicht zu erreichen sind, wie z.B. in der Produktion, Vertrieb oder Verkaufsfilialen. Die Angaben der Mitarbeiter mit einem eigenen Computer variierten von 40 % in dem produktionsgetriebenen Industriebetrieb des Experten 12 über 75 % in dem Handelskonzern des Experten 13 bis zu 99 % in dem hochtechnologischen Versorgungsunternehmen des Experten 3 und 100 % in dem Technologieunternehmen des Experten 14, was darauf schließen lässt, das der Branche hinsichtlich dieses Erfolgsfaktors eine Bedeutung zukommt. Insbesondere in den Handelsunternehmen 2, 4 und 13 stehen Computer in den Verkaufsfilialen z.B. nur den Filial- oder Bereichsleitungen oder teamweise zur Verfügung. Um diese Mitarbeiter zu erreichen, werden laut den Experten andere Wege und Mittel eingesetzt wie z.B. Schwerpunkt auf der Führungskräftekommunikation oder klassische Medien. Experte 2 sprach in diesem Zusammenhang auch das zukünftige Verfügbarmachen der Social-Media-Anwendungen auf mobilen Endgeräten an.

Nachfolgend wurde von den Experten 4, 6, 7 und 14 der Aspekt der **Unternehmenskultur**, die demnach sehr offen, transparent und feedbackorientiert sein sollte, aufgegriffen. Experte 4 verdeutlicht, dass das Thema „Social Media in der Mitarbeiterkommunikation" als langfristig angelegter strategischer **Veränderungsprozess** und auch als **Kulturprozess** begriffen werden muss. Insgesamt muss laut dem Experten 6 eine sogenannte **Social Media Philosophie** transportiert werden, welche die Grundhaltung des Unternehmens hinsichtlich der sozialen Medien beinhaltet:

> Wir sind grundsätzlich offen für soziale Medien, unabhängig von der internen Kommunikation. [...] Ich kann nicht erwarten, dass man sich im Intranet engagiert in einem Social Media Tool, wenn ich YouTube oder Facebook für Mitarbeiter sperre. Das widerspricht sich auch meiner Meinung nach eklatant.

Die Experten 10 und 13 ergänzen, dass zu einer offenen Unternehmenskultur ebenfalls zählt, dass jeder Mitarbeiter in der Lage sein muss zu sagen, was er möchte und zwar mit Absicherung, d.h. **keine Sanktionen** fürchten muss. Eng verbunden mit der Entwicklung der Unternehmenskultur ist laut Ansicht der Experten 3, 6, 8, 10, 12 und 13 der Gesichtspunkt des **authentischen Vorlebens**, insbesondere seitens der Führungskräfte. Experte 10, tätig in einem DAX-Unternehmen mit mehr als 200.000 Mitarbeiter, dazu:

> In einem Unternehmen mit unseren Strukturen gibt es einen riesigen Push, wenn die Führungskräfte das auch machen. Das ist für die Mitarbeiter immer noch ein Riesen-Hebel, und „auch machen" bedeutet nicht, dass der Chef im Meeting sagt: „Jetzt nutzt das mal.", sondern wenn der Chef das selber aktiv nutzt.

Ein weiterer Erfolgsfaktor ist laut der Experten 1, 3 und 4 die **aktive Beteiligung der Mitarbeiter**. Experte 4 spricht in diesem Zusammenhang die Berührungsängste seitens der Mitarbeiter vor Social Media an: alles ist transparent, öffentlich und oft auf die Person zurückzuführen. Für eine aktive Beteiligung ist es demnach wichtig, dass die Mitarbeiter insgesamt für das Thema Social Media **Schulungen** erhalten und **sensibilisiert werden**. Des Weiteren benennen die Experten 2 und 14 als Erfolgsfaktor einen **klaren Nutzen bzw. einen Mehrwert** der Social Media Nutzung für den Mitarbeiter, die sehr viel Arbeit zu bewältigen haben und ein Tool nutzen möchten, das ihnen auch wirklich hilft. Die ebenfalls genannte **hohe Usability**, d.h. Benutzerfreundlichkeit, die mit einer intuitiven und leichten bzw. einfachen Bedienbarkeit der Anwendungen einhergehen sollte, spielt hierbei eine Rolle. Zudem wurden zusammenfassend diese weiteren Erfolgsfaktoren benannt: Geschwindigkeit im Sinne von schneller Beantwortung von z.B. Fragen und Kommentaren, Vielfältigkeit und Abwechslung, Aktualität, ansprechendes Layout, Fun Faktor und eine gemeinsame Unternehmenssprache. Ob sich die internen Social-Media-Anwendungen auch in Krisenzeiten erfolgreich bewähren, dafür fehlen laut Experte 8 bislang die Erfahrungswerte.

7.4 Ersatz oder Ergänzung von Face-to-Face-Kommunikation und Printmedien sowie Ersatz der informellen Kommunikation

Alle Experten stimmen überein, dass die Social-Media-Anwendungen die **Face-to-Face-Kommunikation** nur ergänzen und auf keinen Fall ersetzen können. Ergänzen können diese die persönliche Kommunikation demnach insofern, als dass z.B. bei einem Projektteam nach dem Face-to-Face-Termin die Zusammenarbeit in den sozialen Medien erfolgen kann und im Vergleich zu früher weitere Face-to-Face-Termine entfallen können. Der Experte 10 verdeutlicht:

> Viele [Mitarbeiter] wollen ein Face-to-Face nicht komplett missen. Es ist schon so, dass jeder sagt, man könne online viel abarbeiten, aber es ist trotzdem nett, wenn man sich zwischendurch auch mal sieht. Man soll das nie ersetzen, sondern nur ergänzen.

Der Experte 14 erwähnt gleichlautend, dass Umfragen unter Mitarbeitern bestätigen, dass immer noch die „Face-to-Face Information mit der Führungskraft und den Kollegen" am beliebtesten ist. Auch die Experten 1, 2, 3, 4 und 11 betonen den Aspekt der Führungskräftekommunikation. Vorteilhaft ist laut den Experten 1 und 2, dass auf Informationen ein direktes Feedback und Dialog möglich ist wie z.B. bei Townhall-Meetings des Vorstands, bei denen direkt vor Ort mit Mitarbeitern gesprochen wird und diese live Fragen stellen können. Insgesamt wird der persönlichen Kommunikation vom Experten 4 die Bedeutung der tragenden Säule der Mitarbeiterkommunikation zugesprochen. Auch bezüglich **Printmedien** stimmen die Experten bis auf den Experten 6 überein, dass Social Media diese nur ergänzen und nicht ersetzen können. Lediglich der Experte 6 sieht zukünftig eine komplette Substitution der Printmedien in der Mitarbeiterkommunikation. Experte 3 und 7 weisen darauf hin, dass es tendenziell weniger Printmedien geben wird und diese einen Vorteil bieten müssen, den die Social-Media-Anwendungen nicht bieten können. Der Experte 10 verdeutlicht, dass zudem eine gegenseitige Vernetzung mit anderen Medien stattfinden sollte. Zudem wird von den Experten 8, 12 und 13 in diesem Zusammenhang noch einmal der bereits genannte Gesichtspunkt der Mitarbeiter ohne eigenen Computer wie z.B. in der Produktion oder dem Vertrieb angesprochen. Um diese Mitarbeiter zu erreichen, werden vor allem die klassischen Printmedien wie Aushänge am Schwarzen Brett oder die Mitarbeiterzeitung genutzt. Experte 12 bemerkt dazu:

> Das [Ersetzen der Printmedien] scheitert schon daran, dass wir sehr stark auch ein Standort mit Produktionsbetrieben sind und es einfach keinen Zugang zu diesem Medium gibt. Wir haben zu wenig Bildschirme und zu wenig Plattformen, um auf diese Art und Weise dort alle [Mitarbeiter] erreichen zu können.

Die Experten stimmen bei der Frage, ob Social Media den **informellen Austausch**, also den sogenannten „Flurfunk" im Unternehmen zur Meinungsbildung ersetzen kann, überein, dass dieser persönliche, sehr menschliche und auch vertrauliche Flurfunk nicht komplett ersetzt wird. Experte 6 merkt an, dass der informelle Austausch teilweise durch Social Media ersetzt werden könnte, wenn die entsprechende offene Unternehmenskultur vorhanden ist. Dazu reicht demnach eine reine Feedbackfunktion nicht aus, sondern das

Unternehmen muss zulassen, dass es einzelne Communities oder Blogs gibt und dass es beschränkte Nutzergruppen innerhalb dieser Mikrokosmen gibt, in denen sich die Mitarbeiter informell austauschen können bzw. mögen. Die Experten 5, 7, 8, 10, 14 und 15 verdeutlichen demgegenüber sogar, dass der Flurfunk ihrer Meinung nach verstärkt bzw. gefördert wird, womit sowohl ein Mehr an informellem Austausch als auch eine flächenmäßige Vergrößerung desselben durch die sozialen Medien, gemeint ist. Die Vergrößerung des informellen Austauschs bezieht sich darauf, dass dieser nicht mehr auf die Abteilung bzw. Etage und die Kollegen, die man kennt, beschränkt ist, sondern der Flurfunk im Sinne einer großen, virtuellen Kaffeeküche globaler wird. Zudem gehen die Experten 4 und 14 darauf ein, dass ihrer Meinung nach jetzt zwei Qualitäten von informellem Austausch existieren. Zum einen den klassischen, persönlichen Flurfunk und zum anderen den digitalen Flurfunk. Im Ergebnis lässt sich festhalten, dass der klassische Flurfunk nicht ersetzt wird. Im Gegenteil: Durch den unternehmensinternen Social Media Einsatz entsteht ein **neuer digitaler und globaler Flurfunk 2.0** im Sinne einer großen, virtuellen Kaffeeküche, der von anderer Qualität als der klassische Flurfunk ist. Der Experte 14 verdeutlicht seine Erfahrungen diesbezüglich sowie einen Vorteil, der mit dem digitalen Flurfunk unter der Voraussetzung einer offenen Unternehmenskultur einhergeht:

> Also ich glaube, die [Social-Media-Anwendungen] befördern den Flurfunk noch eher. Der Flurfunk wird jetzt digital, das ist das, was wir beobachten. Dadurch, dass es eine offene Unternehmenskultur ist, werden die Gerüchte, die auf dem Flur sind, plötzlich elektronisch weitergegeben. Und dann erreichen diese sehr schnell sehr viel mehr Menschen. Das gilt auch für kritische Themen. Der Vorteil dabei ist natürlich: Man sieht es, man kriegt es mit. Wir nutzen das regelmäßig und melden dann zurück an die Geschäftsleitung: Hier ist ein Thema, das heiß diskutiert wird. Darauf solltet ihr eingehen.“

7.5 Förderung von Mitarbeiterloyalität und Vertrauensstärkung in den Arbeitgeber

Bei der Frage, wie die Social-Media-Anwendungen dazu beitragen die **Mitarbeiterloyalität** im Sinne von einer Bindung an das Unternehmen zu fördern und das **Vertrauen in den Arbeitgeber** zu stärken, überwiegte die Meinung der Experten, dass eine Stärkung bzw. Förderung stattfinden kann, wobei unterschiedliche Faktoren benannt wurden. Die Experten 2, 3 und 4 unterschieden sich in der Auffassung von den übrigen Experten: Der Experte 2 eines im DAX gelisteten Handelskonzerns mit mehr als 50.000 Mitarbeitern sieht eine indirekte Beeinflussung der Loyalität, wobei für das Erreichen von Loyalität folgende Faktoren ausschlaggebend sind: einen sicheren Arbeitsplatz, eine faire Bezahlung und ein gutes Arbeitsumfeld bieten. Im weitesten Sinne kann demnach zum Aspekt des

Arbeitsumfelds auch das zur Verfügung stellen von modernen Kommunikationsmitteln, die „State of the Art“ sind, eine Rolle spielen. Der Experte 3 eines DAX-Unternehmens der Versorgerbranche mit mehr als 50.000 Mitarbeitern sieht eine Förderung der Loyalität und eine Steigerung des Vertrauens in den Arbeitgeber von ca. 10 - 20 % und empfindet den Social Media Einsatz als kleinen Baustein im ganzen Kommunikationskonstrukt. Der Experte 4 eines im MDAX gelisteten Handelskonzerns mit 20.000 - 30.000 Mitarbeitern sieht hierbei, wie Experte 3, ebenfalls nur einen kleinen, nicht näher quantifizierten Anteil der Social-Media-Anwendungen und verweist noch einmal auf die besondere Bedeutung der Führungskräftekommunikation zur Stärkung der emotionalen Bindung der Mitarbeiter.

Demgegenüber waren die anderen Experten der Auffassung, dass die Social-Media-Anwendungen zu einer Förderung der Loyalität und einer Stärkung des Vertrauens in den Arbeitgeber führen, wobei folgende Faktoren genannt wurden: Als grundlegende Voraussetzung wurde von den Experten 5, 6 und 13 genannt, dass der Mensch sich zunächst ernst genommen fühlt, im Sinne von **Wertschätzung**, und zwar in seiner Haltung, seiner Arbeit und seinen Meinungen und dadurch insgesamt motiviert ist. Die modernen Social Media Tools tragen hierbei laut den Experten 6 und 7 zum einen zur Erhöhung der Arbeitgeberattraktivität und zum anderen zur Zufriedenheit und daraus resultierend zur Motivation der Mitarbeiter bei, weil diese durch Social Media effektiver in ihrem persönlichen Sinne arbeiten können. Dieser Aspekt ist insbesondere auch vor dem Hintergrund der nachwachsenden Generationen für die Social Media zum Alltag gehört bzw. deren Nutzung selbstverständlich ist, zu berücksichtigen. Im Vergleich zwischen Social Media nutzenden Unternehmen und nicht nutzenden Unternehmen gelten erstgenannte demnach als moderner und attraktiver, wobei Experte 6 noch hinzufügt, dass dies sicherlich nicht das ausschlaggebende Kriterium für die Arbeitgeberwahl ist. Dennoch ist es ein Kriterium unter anderen und Experte 6 spricht diesem eine Relevanz zu. Wie wichtig das Kriterium im Vergleich zu anderen ist, muss an dieser Stelle offen bleiben. Die **gelebte und offene Transparenz**, die vom Management bzw. den Führungskräften vorangetrieben werden sollte, nennen die Experten 1 und 12 als weiteren zentralen Aspekt. Die Anregungen seitens der Mitarbeiter müssen aufgenommen werden und dürfen nicht „versanden“ laut dem Experten 13. Gleichzeitig muss laut den Experten 8, 12 und 13 auch die Bereitschaft seitens des Unternehmens, sich auch mit kritischen Aspekten auseinander zu setzen und auf diese zu reagieren, signalisiert werden. Für den Experten 14 ist Social Media ein sehr starkes Instrument um Loyalität und Vertrauen zu fördern; vor allem durch den **hierarchieübergreifenden Austausch der Mitarbeiter** und den Stolz auf das Unternehmen, der entstehen kann:

> Wir haben auch Communities, wo Mitarbeiter sich ehrenamtlich in Indien engagieren. Die schreiben darüber, die tauschen sich darüber aus. Das bekommen andere Mitarbeiter mit, die hier in Deutschland arbeiten und unterstützen diese unter Umständen. Und dann gab es Statements wie: „Mensch, ich bin richtig stolz, dass ich in einer Firma arbeitet, die so etwas macht." Dabei ist es nicht wirklich das Unternehmen, sondern es sind Mitarbeiter. Aber die Leute sagen, sie sind stolz!

Zugleich ist der Social Media Einsatz laut dem Experten 8 auch ein **Vertrauensbeweis** seitens des Unternehmens an die Mitarbeiter und zwar durch die Ermöglichung der aktiven Partizipation und hierarchieübergreifenden Meinungsäußerung bzw. Austausch z.B. bei Gründungen von Communities und Kommentierungen von Artikeln und Vertrauen wird im Allgemeinen mit Gegenvertrauen honoriert.

7.6 Förderung und Weiterentwicklung von Unternehmens-, Führungs- und Kommunikationskultur und aktuelle Kultur der befragten Unternehmen

Die meisten Experten sind der Meinung, dass sich die **Unternehmens-, Führungs- und Kommunikationskultur** mittels der Unterstützung von Social Media sehr gut fördern und weiterentwickeln lässt. Im Folgenden werden die Aspekte, die laut den Experten zur Förderung und Weiterentwicklung dieser beitragen, dargestellt: **Transparenz und Offenheit in der Kommunikation sowie deren Vorleben**, wird von den Experten der DAX-Unternehmen 1, 2, 8, 13 und 14 als bedeutender Aspekt genannt, wobei Transparenz laut dem Experten 1 generell für ein besseres Betriebsklima sorgt. Den Dialog bzw. der echte, interdisziplinäre bzw. standortübergreifende Austausch zwischen den Mitarbeitern und die Interaktivität nennen die Experten 2, 13 und 14 und betonen, dass dieser zur oben genannten Transparenz beiträgt. Die **Demokratie im Sinne von Mitmachen**, die eigene Meinung äußern und selbst entscheiden, was für wichtig gehalten wird und das vielen Mitarbeitern zur Verfügung stellen können, benennen die Experten 4 und 10 zudem. Der Einsatz von Social Media ermöglicht zudem die **breitflächigere Darstellung von Leitbildern** und deren Inhalt wie z.B. Werte seitens der Mitarbeiterkommunikation und trägt auf diese Weise laut dem Experten 12 zu einer Förderung- und Weiterentwicklung der Kultur bei. Es wird allerdings auch eine Gefahr vom Experten 5 gesehen:

> Ohne Regeln würden sie [die Social-Media-Anwendungen] das Betriebsklima, glaube ich, sogar stärker vergiften. Zumindest, wenn es kontrovers diskutierte Themen sind. Es ist dann doch immer mal wieder der eine oder andere dabei, der auch mal über die Stränge schlägt. Aber mit den Regeln, bin ich mir sicher, kann man durchaus eine gescheite Diskussionskultur etablieren, in der deutlich ist: Wir beleidigen uns untereinander nicht.

Im Rahmen der Experteninterviews stellte sich heraus, dass der überwiegende Teil der Experten über **Regeln** bzw. Guidelines o.ä., wie vom Experten 5 angesprochen, verfügt.

Experte 2 verdeutlicht im Vorwege zur Frage nach der **aktuellen Unternehmens-, Führungs- und Kommunikationskultur**, dass eine partizipative Kultur das höchste Ziel in der Mitarbeiterkommunikation ist:

> Die Masterclass von interner Unternehmenskommunikation ist, was als Engagement und Involvement bezeichnet wird. Also, wenn der Mitarbeiter wirklich dran beteiligt ist und vor allem mit Spaß daran beteiligt ist, so dass er sich mit seinem Unternehmen identifizieren kann. Das ist das Beste, was Sie erreichen können. Das heißt, partizipativ ist das höchste Ziel.

Experte 1 bezeichnet die Kultur als sehr offen, wobei dennoch **hierarchische Strukturen** bestehen. Der Experte 8 merkt zudem an, dass aufgrund der Unternehmensgröße immer eine gewisse Hierarchie in den operativen Bereichen notwendig ist, worauf ein Rückschluss auf Experte 1 möglich ist. Dennoch gibt es vergleichbare Unternehmen wie z.B. 10 und 14, die eine partizipative Kultur anstreben. Die Experten 3 und 9, in deren Unternehmen hierarchische Kulturen herrschen, merken an, dass innerhalb von Projektteams interdisziplinär, partizipativ gearbeitet wird. Die Tabelle verdeutlicht, dass sich acht Unternehmen 2, 5, 6, 7, 10, 11, 13 und 15 **auf dem Weg** von einer hierarchischen zu einer partizipativen Unternehmens-, Führungs- und Kommunikationskultur sehen, wobei sowohl die Branchen- als auch die Mitarbeiteranzahlen durchweg gemischt sind. Es lassen sich daher keine konkreten Rückschlüsse vor dem Hintergrund von Branche und Mitarbeiteranzahl bzgl. der Unternehmenskultur ziehen. Experte 13, von einem DAX-Handelskonzern mit mehr als 200.000 Mitarbeitern, geht noch einmal darauf ein, dass der Wandel zu einer partizipativen Kultur zunächst das langsame Aufbrechen der alten Strukturen bedeutet. Lediglich zwei Experten 4 und 14 geben an, in ihren Unternehmen **partizipative Unternehmenskulturen** zu besitzen. Der Experte 4 verdeutlicht, dass in seinem dezentrales Handelsunternehmen ein entscheidender Wettbewerbsvorteil sein kann, wenn das Thema „Unternehmertum" bei den Mitarbeitern, insbesondere in den Filialen, und somit auch das dezentrale Treffen von Entscheidungen gefördert werden. Das Technologieunternehmen des Experten 14 mit mehr als 50.000 Mitarbeitern besitzt eine sehr offene und stark partizipative Unternehmenskultur, womit tendenziell ein Rückschluss auf die Branche erfolgen kann.

Im Folgenden werden die Unternehmen der Experten für einen besseren Überblick in die Kategorien „hierarchisch“, „Auf dem Weg von hierarchisch zu partizipativ“ und „partizipativ“ tabellarisch dargestellt:

Experte / Unternehmen	**Branche**	**DAX / MDAX**	**Anzahl d. Mitarbeiter**
hierarchisch			
1	Industrie	DAX	≤ 100.000
3	Versorger	DAX	≤ 50.000
8	Verkehr	DAX	≤ 100.000
9	Industrie	MDAX	1.000 - 5.000
12	Industrie	MDAX	20.000 - 30.000
Auf dem Weg von hierarchisch zu partizipativ			
2	Handel	DAX	≤ 50.000
5	Versorger	MDAX	1.000 - 5.000
6	Verkehr	MDAX	≤ 50.000
7	Industrie	MDAX	1.000 - 5.000
10	Versorger	DAX	≤ 200.000
11	Industrie	MDAX	1.000 - 5.000
13	Handel	DAX	≤ 200.000
15	Baubranche	MDAX	≤ 50.000
partizipativ			
4	Handel	MDAX	≤ 50.000
14	Technologie	DAX	20.000 - 30.000

Tabelle 3: Unternehmens-, Führungs- und Kommunikationskultur der befragten Unternehmen
Quelle: eigene Darstellung

7.7 Motivation zur aktiven Teilnahme

Bis auf das Unternehmen 7 erfolgt bei allen anderen Experten eine **Motivation zur aktiven Teilnahme** auf verschiedenen Weisen. Der Befragte 7 begründet dies, mit dem noch nicht abgeschlossenen Kulturwandel sowie einer anstehenden Integration eines bis dato selbständigen Intranets. Die Motivationen zur aktiven Teilnahme sind quantitativ so umfangreich, dass hier eine zusammenfassende Aufzählung erfolgt:

- Aktives Social Media Vorleben
- Wertschätzende Aufnahme der Mitarbeiterbeiträge. Kein „im Sande verlaufen", sondern direktes und aktives Reagieren (Experte 11, 12)
- Signal, dass auch kritische Kommentare zugelassen bzw. willkommen sind (Experte 12)
- Informationsveranstaltungen und Schulungen mit Themen wie z.B. Erklärungen der neuen Medien, deren Funktionsweise oder Möglichkeiten (Experte 1, 8, 15)
- Informationsartikel, regelmäßige Hinweise und Ankündigungen von z.B. neuen Communities in den internen Medien (Experte 6, 12, 14, 15)
- Aktionen mit Unternehmensbezug, bei denen Mitarbeiter mitmachen, kommentieren, sich austauschen und Spaß haben können. Seitens der Mitarbeiterkommunikation fließen mittels Verlinkungen auf Artikel etc. strategische Informationen ein (Experte 2)
- Werbung in den internen Medien wie z.B. Intranet, Mitarbeiterzeitung, E-Mail in Form von z.B. Plakaten, Filmen, Bannern (Experte 3, 4, 5, 8, 12, 13, 14)
- Virales Marketing (Experte 15)
- Verweise auf Anschlusskommunikation wie z.B. Forum, in dem sich nach einer Veranstaltung weiter ausgetauscht werden kann (Experte 13)
- Gewinnspiele unter Erhaltung der intrinsischen Motivation (Experte 13)
- lobende, positive Erwähnungen von Social Media und dessen Möglichkeiten in z.B. Social Media Guidelines (Experte 4) und internen Medien (Experte 3)

Experte 2 verdeutlicht, dass bei jedem Thema möglichst viele Mitarbeiter einbezogen und in den Vordergrund geholt werden sollen. Wichtig ist dabei, dass eine wirkliche Kommunikation zwischen den Mitarbeitern gefördert wird, und es eben keine Top-down-Kommunikation sein soll und zudem, dass

> denen [den Mitarbeitern] eine Bühne geboten, die sie sonst so nicht haben. Also, dass sie da die Möglichkeit haben, sich darzustellen oder Beiträge einzureichen und andere geben wieder Feedback drauf. Das ist uns ziemlich wichtig. (Experte 2)

Experte 8 bemerkt, dass ca. sechs Monate intensiv für die neuen sozialen Medien geworben wurde, heute aber keine Motivation mehr erfolgen muss, da diese Anwendungen sich zu einem Selbstläufer entwickelt haben. Die Experteninterviews lassen darauf schließen, dass der überwiegende Teil der Experten eine anfängliche Motivierung zur aktiven Teilnahme als notwendig erachtet. Das MDAX-Unternehmen 15 aus der Baubranche mit mehr als 50.000 Mitarbeitern nutzte hierfür allerdings zunächst nur virales Marketing, kleine Artikel in den internen Medien, kleine Informationsveranstaltungen und keine Werbemaßnahmen. Der Befragte 15 erläuterte, dass anschließend eine „sehr große Nutzermenge“, die nicht näher quantifiziert wurde, in deren interner Social Software existierte und bezeichnet Social Media daher als Selbstläufer. Um unabhängig von der reinen Nutzerzahl jetzt die Aktivitäten, d.h. den Traffic, zu erhöhen, sollen Werbemaßnahmen folgen. Im DAX-Unternehmen des Experten 10 mit mehr als 200.000 Mitarbeitern fand zum Start des neuen Social Networks keine große Kommunikation oder Werbung statt und ca. sechs Monate später zählten diese 15.000 registrierte Mitarbeiter. Erst im Anschluss an diese ca. sechs Monate wird aktiv Werbung geschaltet. Die Gründe für dieses zeitliche Vorgehen werden nicht genannt.

7.8 Evaluation

Es überrascht, dass zwei der Experten 9 und 13 keine **Evaluation** der Befriedigung der kommunikativen Mitarbeiterbedürfnisse durch Social Media vornehmen. Der überwiegende Teil der Experten 1, 2, 4, 5, 6, 7, 10, 11, 14 und 15 nutzt die oftmals jährlich oder zweijährlich stattfindende **Mitarbeiterbefragung** oder weitere -umfragen und **Fokusgruppen**, um die Kommunikationskanäle der Mitarbeiterkommunikation und damit auch Social-Media-Anwendungen, zu evaluieren. Der Experte 11 plant eine Evaluation. Neben den quantitativen Messgrößen wie z.B. Klickraten oder Anzahl der Kommentare und Bewertungen wird demnach gezielt auf die Abfrage von inhaltlichen Aspekten bei den Social-Media-Anwendungen geachtet wie z.B. positive, negative oder neutrale Formulierungen bzw. Tonalität und inhaltlicher Bezug der Kommentare zum Artikel, Zufriedenheit, Glaubwürdigkeit. Experte 10 bejaht die Frage, ob auch abgefragt wird, ob ausreichend Dialog stattfindet und verdeutlicht:

Ja. Es sind solche Fragen wie „Das Intranet befriedigt mein Informationsbedürfnis völlig / teils-teils / gar nicht“ zum Beispiel. Wir wollen schon wissen: „Hilft das, was wir anbieten eurem Bedürfnis nach Information? Und inwiefern?“, „Wie zufrieden sind Sie mit diesem Medium?“ Und dann kommen noch solche Fragen hinzu „Wie vertrauenswürdig finden Sie das?“, und solche Sachen.

7.9 Entwicklung in den kommenden 5 Jahren

Mobilität bzw. die Verfügbarkeit der internen Social-Media-Anwendungen für mobile Endgeräte wie z.B. Smartphones sehen ein Großteil der Experten 1, 2, 4, 6, 9, 10 und 12 im Rahmen der **Entwicklung in den kommenden fünf Jahren**. Experte 12 merkt diesbezüglich an, dass dies nur für nicht geschützte Informationen vorstellbar ist. Der Experte 6 empfindet die vernünftige Darstellung der Applikationen auf mobilen Endgeräten als Grundvoraussetzung: „Denn am Ende des Tages eines ergebnisorientierten Unternehmens - und das hat auch wieder etwas mit der Kultur zu tun - ist es ihnen ziemlich egal, wann und wo die Menschen ihre Arbeit erledigen, solange das Ergebnis stimmt.“

Lediglich der Experte 9 sieht eine Abschwächung der Social Media Aktivitäten. Demgegenüber prognostizieren alle anderen Experten:

- Verstärkung des kollaborativen und dialogischen Arbeitens
- Zunahme des Abbaus von Hierarchien
- viel offenere, dialogorientierte Kommunikationskulturen
- weniger Push- und viel stärkere Pull-Kommunikation
- weitere Professionalisierung der Unternehmen hinsichtlich interner Social Media
- Unterstützung bei der Bewältigung der Informationsflut durch Filtermöglichkeiten und stärkerer Pull-Kommunikation

7.10 Zusammenfassung

Die Experteninterviews zeigen auf, dass die **kommunikativen Bedürfnisse von Mitarbeitern** vielschichtig und unterschiedlich sind und die Bedürfnisse der Mitarbeiter nach Informationen, Dialog im Sinne von wechselseitigem Austausch und die Wertschätzung sowie Verständnis ihnen gegenüber umfassen. Für die **Befriedigung der kommunikativen Bedürfnisse** ist zunächst ein strategisches Vorgehen notwendig. Die Inhalte zur Befriedigung des **Informationsbedürfnisses** umfassen aufgaben-, unternehmens- und mitarbeiterbezogene Informationen, die für den Mitarbeiter letztlich relevant sein müssen. Um das **Bedürfnis nach Dialog** zu befriedigen sind das um Dialogfunktionen bereicherte Intranet und die dialogorientierten Social-Media-Anwendungen von Bedeutung. Zur **Befriedigung des Bedürfnisses nach Wertschätzung und Verständnis** spielt laut den Ergebnissen eine offene Unternehmenskultur mit erwünschtem Feedback bzw. der Aspekt des Zuhörens und Austauschens, welcher ein Signal für Wertschätzung und Verständnis ist, eine wichtige Rolle.

Die Ergebnisse zeigen zudem, dass die Experten je nach z.B. Strategie unterschiedliche **Social Media** einsetzen. Dennoch spiegeln diese die besondere Bedeutung der **Kommentarfunktion**, die Dialog schaffen soll, wieder. Weitere eingesetzte Social Media sind z.B. interne Social Software, Communities, Q&A-Communities, Blogs, (Fach-)Foren und Wikis, Instant-Messaging-System und „Internes Twitter".

Das wichtigste **Ziel** eines Social Media Einsatzes ist es laut der Experteninterviews, **Dialog zu schaffen bzw. zu initiieren durch Interaktion und Partizipation**. Zwei Befragte betonen diesbezüglich den Aspekt des Feedbacks von den Mitarbeitern und der Unternehmenskultur. Weitere Ziele sind demnach: 1. Kollaboration, 2. Wissensaustausch, 3. Identifikation im Sinne einer Verbundenheit der Mitarbeiter mit dem Unternehmen, 4. Loyalität im Sinne einer Bindung der Mitarbeiter an das Unternehmen, das eng mit der Identifikation verbunden ist und 5. Motivation. Die Ergebnisse zeigen, dass die **Ziele, die sich auf die Befriedigung der kommunikativen Bedürfnisse** keinen gesondert ausgewiesenen Stellenwert besitzen, aber insgesamt dennoch einen hohen Stellenwert innehaben. Die Ergebnisse der Experteninterviews zeigen zudem die **Erfolgsfaktoren für einen Social Media Einsatz** auf wie **z.B.** die technische Verfügbarkeit von Computern und Anwendungen, das Begreifen des Social Media Einsatzes als langfristig angelegter strategischer Veränderungs- und Kulturprozess, eine sehr offene, transparente und feedbackorientierte Unternehmenskultur, die Schulung und Sensibilisierung der Mitarbeiter, einen klarer Nutzen bzw. Mehrwert und eine hohe Usability umfassen. Für eine erfolgreiche Bewährung der Social-Media-Anwendungen auch in Krisenzeiten fehlen laut den Ergebnissen allerdings bislang die Erfahrungswerte.

Die Ergebnisse verdeutlichen, dass die Social-Media-Anwendungen die **Face-to-Face-Kommunikation** nur in bestimmten Fällen ergänzen und auf keinen Fall ersetzen können. Zudem spiegeln diese die wichtige Bedeutung der persönlichen Kommunikation, als tragende Säule der Mitarbeiterkommunikation, insbesondere mit den Führungskräften, wieder. Vorteilhaft ist hierbei demnach die Möglichkeit des direkten Feedbacks und des Dialogs. Bezüglich der **Printmedien** zeigen die Experteninterviews, dass die Social-Media-Anwendungen auch diese nur ergänzen und nicht ersetzen können. Diese müssen demnach spezifische Vorteile gegenüber Social Media bieten und mit anderen Medien vernetzt werden. Der Aspekt des fehlenden Zugangs zu Social Media z.B. in Produktion oder Vertrieb spricht laut den Ergebnissen zudem gegen einen Ersatz der Printmedien. Des Weiteren zeigen die Ergebnisse, dass der **klassische informelle Austausch** nicht durch Social Media ersetzt wird, sondern sogar von den meisten Befragten eine Zunahme und Ausweitung im Sinne einer großen globalen Kaffeeküche durch Social Media prognostiziert wird. Zwei Experten unterscheiden diesen dabei in zwei Qualitäten: 1. den klassischen, persönlichen Flurfunk und 2. den neuen digitalen, globalen Flurfunk durch Social Media. Bezüglich des Vorteils des digitalen Flurfunks sei auf das Zitat des Experten 14 auf Seite 91 verwiesen.

Die Ergebnisse zeigen des Weiteren auf, dass der überwiegende Teil der Experten einen Beitrag zur Förderung der **Mitarbeiterloyalität** im Sinne von einer Bindung an das Unternehmen zu fördern und einer Stärkung in das **Vertrauen in den Arbeitgeber** durch Social Media sieht. Insbesondere das Erfahren von Wertschätzung durch Social-Media-Anwendungen, die gelebte und offene Transparenz auch hinsichtlich kritischer Themen, der hierarchieübergreifende Austausch der Mitarbeiter und ggfls. daraus resultierender Stolz und der Vertrauensbeweis seitens des Unternehmens aufgrund des Social Media Einsatzes können laut den Experteninterviews hierzu beitragen.

Weiterhin lassen die Ergebnisse erkennen, dass sich die **Unternehmens-, Führungs- und Kommunikationskultur** laut der meisten Experten mittels der Unterstützung von Social Media sehr gut fördern und weiterentwickeln lässt. Hierzu tragen vor allem die Transparenz und Offenheit in der Kommunikation sowie deren Vorleben, die Demokratie im Sinne von Mitmachen und die Möglichkeit der breitflächigeren Darstellung von Leitbildern bei. Zudem sind demnach Regeln bzw. Guidelines notwendig, um der Gefahr der „Klimavergiftung" zu begegnen. Zudem zeigen die Experteninterviews am Beispiel eines Experten auf, dass eine partizipative **Unternehmens-, Führungs und Kommunikationskultur** das höchste Ziel in der Mitarbeiterkommunikation ist. Zusammenfassend besitzen zwei Unternehmen eine partizipative Kultur, acht Unternehmen befinden sich auf dem Weg zu dieser, was die vorgenannte Aussage unterstreicht. Fünf Unternehmen besitzen eine hierarchische Kultur.

Die Experteninterviews zeigen zudem auf, dass die meisten Befragten eine anfängliche **Motivierung zur aktiven Teilnahme** als notwendig erachten. Diese erfolgt z.B. durch aktives Vorleben, wertschätzende Aufnahme von Mitarbeiterbeiträgen, Informationsveranstaltungen und Schulungen oder Werbung. Wichtig ist laut einem Experten der Einbezug und das in den Vordergrund holen von möglichst vielen Mitarbeitern und die Förderung einer wirklichen Kommunikation zwischen diesen. Bei zwei Experten erfolgt nur wenig oder keine anfängliche Motivierung und auch in diesen Fällen entwickelten sich die Nutzerzahlen positiv bzw. stiegen. In beiden Unternehmen wird Werbung folgen um z.B. für mehr Aktivitäten unabhängig von der reinen Nutzerzahl zu sorgen.

Die Ergebnisse lassen außerdem den Schluss zu, dass der **Evaluation der Befriedigung der kommunikativen Mitarbeiterbedürfnisse mittels Social Media** eine wichtige Bedeutung zukommt. Der überwiegende Teil der Experten nutzt die oftmals jährlich oder zweijährlich stattfindende Mitarbeiterbefragung oder weitere –umfragen für diese. Neben den quantitativen Messgrößen wie z.B. Klickraten wird gezielt auf die Abfrage von inhaltlichen Aspekten geachtet wie z.B. positive, negative oder neutrale Formulierungen.

Die Ergebnisse zeigen des Weiteren auf, dass die **Entwicklung in den kommenden fünf Jahren** vor allem in Richtung Mobilität bzw. der Verfügbarkeit der internen Social Media für mobile Endgeräte wie z.B. Smartphones tendiert. Die Ergebnisse prognostizieren zudem z.B. die Verstärkung des kollaborativen und dialogischen Arbeitens, die Zunahme des Abbaus von Hierarchien oder eine viel offenere, dialogorientierte Kommunikationskulturen.

8 Fazit

Social Media sind Bestandteil des gesellschaftlichen Alltags (vgl. Kap 3) und auch Unternehmen müssen sich aufgrund des Wandels im Mediennutzungsverhalten eines Großteils der Bevölkerung mit diesem Thema beschäftigen (vgl. Kap. 1.1). Die Information und Kommunikation mit den Mitarbeiter wiederum ist der ausschlaggebende Faktor für den wirtschaftlichen Erfolg eines Unternehmens und die Erkenntnis, dass motivierte, engagierte und veränderungsbereite Mitarbeiter über das Erreichen der Unternehmensziele letztlich entscheiden, hat sich in vielen, vor allem, großen Unternehmen durchgesetzt (vgl. Kap. 4.1.3). Daher gewinnt Social Media zielend auf eine Effektivitäts- und Effizienzsteigerung in den unternehmensinternen Kommunikationsprozessen an Bedeutung (vgl. Kap. 1). Dennoch sehen nicht alle Unternehmen die Notwendigkeit auch die interne Kommunikation mittels Social Media weiterzuentwickeln. Um den Anschluss im globalen Wettbewerb nicht zu verpassen und Social Media für eine effiziente Kommunikation und Zusammenarbeit im Unternehmen nutzen zu können, müssten Unternehmen allerdings ihre klassischen Denkmuster durchbrechen (vgl. Kap. 3.5.1).

Daher soll in der vorliegenden Arbeit folgende **Forschungsfrage** beantwortet werden:

> **Wie trägt der Einsatz von Social Media Tools zur Befriedigung der kommunikativen Bedürfnisse von Mitarbeitern bei?**

Im Fokus stehen dialogorientierte, partizipative Social-Media-Anwendungen, welche die Mitarbeitermotivation und -zufriedenheit steigern und dadurch die Loyalität fördern und das Vertrauen in den Arbeitgeber stärken sowie Anwendungen, welche die Unternehmenskultur und das Betriebsklima fördern und weiterentwickeln. Zudem wird ein Blick auf die informelle Kommunikation, d.h. den Flurfunk, geworfen. Zur Beantwortung werden die Ergebnisse der 15 Experteninterviews sowie die Literaturrecherche herangezogen.

Das **Verständnis** der Experten und der Literatur bezüglich der kommunikativen Bedürfnisse von Mitarbeitern stimmen grundsätzlich überein. Mitarbeiter möchten ihren Mangelzustand an Information, gegenseitigem Austausch bzw. Dialog und Verständnis zugleich beseitigen. Erwünschtes Feedback signalisiert laut einigen Experten zugleich Wertschätzung und Verständnis. Die von den Experten 2, 4 und 12 dargestellte Viel- und Unterschiedlichkeit der Bedürfnisse lassen sich aus theoretischer Sicht mit der ausgeprägten Heterogenität der Zielgruppe der Mitarbeiter erklären (vgl. Kap. 4.1.2). Zusammenfassend besteht laut Literatur das Bedürfnis der Mitarbeiter nach Ansprache, Mitwirkung und Integration (vgl. Kap. 4.3).

Zur **Befriedigung** dieser kommunikativen Mitarbeiterbedürfnisse müssen laut der Literatur zunächst die **Mitarbeiter und deren Bedürfnisse in den Mittelpunkt** gestellt werden. Dies erfordert eine konsequente Ausrichtung der Mitarbeiterkommunikation an Orientierungswerten, die Vermittlung von Inhalten mit orientierenden Inhalten wie Zielen und Botschaften und die Einbindung der Mitarbeiter und Führungskräfte in leistungsfähige Kommunikationsnetze, die zugleich reine Informationsprozesse, dialogische Formen und vor allem Feedback ermöglichen. Plädiert wird in der Literatur für eine intensive persönliche Kommunikation mit ihren Funktionen wie Information, Interaktion, Interpretation und Beeinflussung und das insbesondere in Zeiten von Social Media (vgl. Kap. 4.3). Das **Informationsbedürfnis** befriedigt die überwiegende Zahl der Experten mittels der top-down Vermittlung von Unternehmensstrategie, -ziele, -werte und -zukunft, wobei diese nach Relevanz-Gesichtspunkten aufbereitet werden. Zudem müssen diese schnell bzw. zeitnah, aktuell, umfassend und aus erster Hand sein. Ein Feedback ermöglichender Rückkanal im Intranet oder den Social-Media-Anwendungen befriedigt laut den Befragten 1, 4, 9, 10, 12 und 14 das **Dialogbedürfnis**. Die Experten 4, 12 und 14 verweisen auf die persönliche Kommunikation. Zur Befriedigung des **Bedürfnisses nach Verständnis und Wertschätzung** trägt insbesondere das erwünschte Feedback bei, d.h. eine sogenannte Feedback-Kultur laut Experte 1 (vgl. Kap. 7.1). Deutlich wird, dass die meisten Experten mit dem theoretischen Grundkonzept von Information, Dialog und Feedback übereinstimmen. Sehr gut geeignet sind die Social-Media-Anwendungen im Rahmens des Informationsmanagements laut der Literatur für die schnelle Verbreitung zeitkritischer Informationen, der Archivierung der schnell anwachsenden Datenmengen und der dauerhaften, ortsunabhängigen und umfassenden Bereitstellung sowie der Wissensbewahrung (vgl. Kap. 2.5.3 und 3.5.5.1). Die Interaktions- und Partizipationsmöglichkeiten sind eines der bedeutendsten Merkmale von Social Media. Insbesondere zur Befriedigung der Bedürfnisse nach Dialog und Feedback können diese demnach einen bedeutenden Beitrag leisten (vgl. Kap. 3.5.3). Erwünschtes Feedback wiederum signalisiert laut den Befragten Wertschätzung und Verständnis (vgl. Kap. 7.1).

In der vorliegenden Untersuchung stehen unternehmensinterne **Social-Media-Anwendungen** im Fokus. Die Experten setzen eine Vielzahl an Social Media wie z.B. Blogs, Foren, Wikis oder internes Twitter ein. Von besonderer Bedeutung ist bei den meisten Befragten die Kommentarfunktion als Grundlage zur Schaffung von Dialog (vgl. Kap. 7.2).

Das wichtigste **Ziel** des Einsatzes der vorgenannten Social-Media-Anwendungen ist es laut dem überwiegenden Teil der Experten 1, 2, 3, 4, 5, 6, 7, 8, 9, 10, 12 und 14 **Dialog zu schaffen bzw. zu initiieren durch Interaktion und Partizipation**, den wie bereits genannt bedeutendsten Merkmalen von Social Media. Der Aspekt des Feedbacks von den Mitarbeitern und der Unternehmenskultur sind hier von Bedeutung laut den Experten 1 und 6. An dieser Stelle soll auf das Zitat des Experten 6 auf Seite 87 verwiesen werden. Weitere Ziele sind: 1. Kollaboration, 2. Wissensaustausch, 3. Identifikation im Sinne einer Verbundenheit der Mitarbeiter mit dem Unternehmen, 4. Loyalität im Sinne einer Bindung der Mitarbeiter an das Unternehmen, das eng mit der Identifikation verbunden ist und 5. Motivation. Überraschend war bezüglich der **Evaluation der Befriedigung der kommunikativen Mitarbeiterbedürfnisse durch Social Media**, dass zwei der Befragten 9 und 13 nicht evaluieren, d.h. es erfolgt keine Messung der Wirkung der Kommunikation auf die zuvor definierten Ziele. Der überwiegende Teil der Experten 1, 2, 4, 5, 6, 7, 10, 11, 14, 15 nutzt diesbezüglich die oftmals jährlich oder zweijährlich stattfindende **Mitarbeiterbefragung** oder weitere -umfragen.

Unter Berücksichtigung aller Teilaspekte und Würdigung des Gesamtzusammenhangs der Forschungsfrage ist daher festzustellen, dass sie beantwortet werden kann:

Insbesondere aufgrund der Möglichkeit der schnellen Vermittlung zeitkritischer Informationen an große Zielgruppen über große Distanzen hinweg tragen die Social-Media-Anwendungen zu einer verbesserten Befriedigung des Bedürfnisses nach Informationen bei. Zudem offerieren die Social-Media-Anwendungen einen Rückkanal, der Feedback seitens der Mitarbeiter und Dialog ermöglicht, wodurch diese zu einer verbesserten Befriedigung des Bedürfnisses nach Dialog beitragen können. Erwünschtes Feedback seitens des Unternehmens wiederum ist ein Signal für Wertschätzung und Verständnis der Mitarbeiter, so dass die Social-Media-Anwendungen hier indirekt zu einer Bedürfnisbefriedigung beitragen können. Inwieweit eine verbesserte Bedürfnisbefriedigung durch Social-Media-Anwendungen möglich ist, wird anhand eines Vergleichs mit den klassischen Medien der Face-to-Face-Kommunikation und der Printmedien aufgezeigt:

Die **Face-to-Face-Kommunikation** wird demnach nicht von Social Media ersetzt werden. Eine Ergänzung ist möglich, wenn nach einem Face-to-Face-Termin die ehemals weiteren Face-to-Face-Termine durch Social Media ersetzt werden. Die Experten 1, 2, 3, 4, 11 und 14 betonen die herausragende Bedeutung der persönlichen Kommunikation und Experte 4 bezeichnet diese als „tragende Säule der Mitarbeiterkommunikation“. Dies gilt einerseits mit Kollegen und insbesondere mit den Führungskräften. Abschließend kann festgehalten werden, dass die Social-Media-Anwendungen ähnlich der persönlichen Kommunikation einen stark dialogischen und partizipativen Charakter aufweisen und somit insbesondere in größeren und räumlich verteilten Unternehmen, wo die persönliche Kommunikation nicht praktikabel ist, zu einer verbesserten Bedürfnisbefriedigung beitragen können (vgl. Kap. 4.4).

Die **Printmedien** werden ebenfalls laut sämtlichen Experten bis auf den Experten 6 nicht von Social Media ersetzt, sondern nur ergänzt. Den Printmedien fehlt Kontakt und Rückmeldung (vgl. Kap. 2.5.2). Diese müssen laut den Experten 3 und 7 und auch der Theorie ihre spezifischen Vorteile gegenüber Social Media nutzen und mit anderen Medien vernetzt werden (vgl. Kap. 2.5.2 und Kap. 7.4). Spezifische Vorteile der Social-Media-Anwendungen gegenüber den Printmedien sind in der schnellen Information großer Zielgruppen über große Distanzen hinweg bzw. der schnellen Vermittlung zeitkritischer Informationen (vgl. Kap. 2.5.3) und auch in deren ständiger Verfügbarkeit zu sehen. Als Argument gegen den Ersatz der Printmedien durch Social Media wurde von den Experten 8, 12 und 13 zudem der fehlende Zugang zu Social-Media-Anwendungen aufgrund fehlender Endgeräte z.B. in Produktion oder Vertrieb genannt (vgl. Kap. 3.5.1 und 7.4), wobei dieser Gedanke nicht als Hauptargument gelten kann, da dieser sich über alle Aspekte der Beantwortung der Forschungsfrage ziehen müsste.

Im Folgenden wird speziell darauf eingegangen, wie die Social-Media-Anwendungen dazu beitragen können, erstens die **Mitarbeiterloyalität** im Sinne einer Bindung an das Unternehmen zu fördern und das **Vertrauen in den Arbeitgeber** zu stärken sowie zweitens die **Unternehmens-, Führungs- und Kommunikationskultur** zu fördern und weiterzuentwickeln. Zum erstgenannten Punkt attestieren lediglich die Befragten 2, 3 und 4 nur eine indirekte Beeinflussung der Loyalität bzw. einen geringen Einfluss. Zusammengefasst die Aspekte des überwiegenden Teils der Experten pro einer Förderung der Mitarbeiterloyalität und einer Stärkung in das Vertrauen in den Arbeitgeber durch Social Media:

- Wertschätzung durch Social Media erfahren und dadurch höhere Motivation
    - Erhöhung der Arbeitgeberattraktivität aufgrund von modernen Kommunikationsinstrumenten; insbesondere bzgl. nachwachsender Generationen
    - effektiveres, persönliches Arbeiten im Sinne des Mitarbeiters möglich und daraus resultierend Zufriedenheit und höhere Motivation (vgl. Kap. 7.5)
- gelebte und offene Transparenz auch bzgl. kritischer Themen (vgl. Kap. 3.5.3)

- hierarchieübergreifender Austausch der Mitarbeiter und ggfls. resultierender Stolz
- Vertrauensbeweis seitens des Unternehmens erwirkt Gegenvertrauen (vgl. Kap. 7.5)

Die **Unternehmens-, Führungs- und Kommunikationskultur** lässt sich laut den meisten Befragten mittels der Unterstützung von Social Media sehr gut fördern und weiterentwickeln. Die Social-Media-Anwendungen können diesbezüglich ebenfalls laut der Literatur genutzt werden (vgl. Kap. 2.5). Folgende Aspekte tragen laut den Befragten dazu bei:

- Transparenz und Offenheit in der Kommunikation sowie deren Vorleben
- Demokratie im Sinne von Mitmachen
- Möglichkeit der breitflächigeren Darstellung von Leitbildern
- Regeln bzw. Guidelines notwendig, um Gefahr der „Klimavergiftung" zu begegnen (vgl. Kap. 7.6)

Interessant erschien vor dem Hintergrund der vorgenannten Frage der folgende Aspekt: Experte 2 verdeutlicht, dass eine partizipative Unternehmens-, Führungs und Kommunikationskultur das höchste Ziel in der Mitarbeiterkommunikation ist. Es verwundert daher, dass lediglich zwei Experten 4 und 14 angeben, in ihren Unternehmen partizipative Unternehmenskulturen zu besitzen. Acht Unternehmen 2, 5, 6, 7, 10, 11, 13 und 15 befinden sich jedoch auf dem Weg von einer hierarchischen zu einer partizipativen Kultur, was die Aussage von Experte 2 unterstreicht. Allerdings heben auch die Unternehmen mit einer angegebenen hierarchischen Kultur explizit die Offenheit in der Kommunikation hervor wie im Fall vom Experten 1 sowie das interdisziplinäre Arbeiten in Projektteams in den Fällen 3 und 9. Der Befragte 8 macht die Unternehmensgröße dafür verantwortlich, dass in den operativen Bereichen eine gewisse Hierarchie notwendig ist (vgl. Kap. 7.6). Das Gelingen der digitalen Kommunikation ist auch laut der Literatur von den strukturellen Gegebenheiten im Unternehmen abhängig, wozu neben der Wertschätzung der Mitarbeiterkommunikation, deren zielgerichteter und systematischer Planung und eine partizipative Unternehmenskultur gehört (vgl. Kap. 2.3).

Im Folgenden wird darauf eingegangen, inwieweit Social-Media-Anwendungen den **informellen Austausch**, d.h. den Flurfunk, in den unternehmensinternen Meinungsbildungsprozessen der Mitarbeiter ersetzen können. Laut der Literatur sind die Mitarbeiter diesbezüglich weder auf den Flurfunk noch auf andere informelle Kommunikationswege angewiesen, da sie sich in Blogs und Foren unmittelbar artikulieren können und die unternehmensinterne Öffentlichkeit mit derselben Kommunikationsqualität wie die Unternehmensleitung erreichen (vgl. Kap. 3.5.3). Demgegenüber stimmen die Befragten überein, dass der **klassische informelle Austausch** nicht durch Social Media ersetzt wird. Experte 6 hält eine teilweise Ersetzung unter der Voraussetzung einer entsprechend offenen Unternehmenskultur für vorstellbar. Im Gegenteil prognostizieren die Befragten 5, 7, 8, 10, 14 und 15 sogar eine Zunahme und Ausweitung des Flurfunks im Sinne einer großen globalen Kaffeeküche durch Social Media. Die Experten 4 und 14 unterscheiden diesbezüglich in zwei Qualitäten von Flurfunk: 1. den klassischen, persönlichen Flurfunk und 2. den neuen digitalen, globalen Flurfunk durch Social Media. Der Vorteil des digitalen Flurfunks ist laut Erfahrung des Experten 14, dass dieser elektronisch schneller an viele Menschen weitergeben wird und die Mitarbeiterkommunikation es mitbekommt und ggfls. Themen aufnehmen kann.

8.1 Handlungsempfehlungen

Wie bereits dargestellt, ist das Gelingen der digitalen Kommunikation von den strukturellen Gegebenheiten im Unternehmen abhängig, wozu die Wertschätzung der Mitarbeiterkommunikation, deren zielgerichtete und systematische Planung und eine partizipative Unternehmenskultur gehört (vgl. Kap. 2.3), woraus die Empfehlung für Unternehmen, die Social-Media-Anwendungen unternehmensintern einsetzen bzw. einsetzen wollen, folgt, zunächst diese Rahmenbedingungen zu berücksichtigen. Die Wertschätzung und zielgerichtete Planung der Mitarbeiterkommunikation nehmen auch bei den Experten besondere Bedeutungen ein, das spiegeln die Interviews wider (vgl. Kap. 7.1). Im Rahmen des Identitätsmanagements kann hier eine Stärkung der Unternehmenskultur erfolgen (vgl. Kap. 3.5.5.3). Empfohlen wird an dieser Stelle zudem ein Motivationsmanagement, das insgesamt eine große Bedeutung für das Erreichen der Informations-, Beziehungs- und Identitätsziele hat (vgl. Kap. 3.5.5.4).

Die Literatur und die Experten nennen zusammenfassend folgende Erfolgsfaktoren:

- **technische Verfügbarkeit** von Computern und Anwendungen
- das Begreifen als langfristig angelegter strategischer Veränderungsprozess und Kulturprozess (vgl. Kap. 7.3)
- offene, ehrliche Kommunikation, um **Glaubwürdigkeit und Vertrauen** zu erarbeiten (vgl. Kap. 2.3)

- sehr transparente, d.h. offene und feedbackorientierte **Unternehmenskultur**
    - inklusive Transport einer Social Media Philosophie und Absicherung der Mitarbeiter, d.h. keine Sanktionen bei freier Meinungsäußerung
    - authentisches Vorleben dieser Kultur insbesondere von Seiten der Führungskräfte (vgl. Kap. 7.4)
- **Sensibilisierung** für aktive Beteiligung und **Schulungen** (vgl. Kap. 7.4)
- **klarer Nutzen** bzw. Mehrwert und eine **hohe Usability** (vgl. Kap. 7.4)
- weitere Erfolgsfaktoren sind z.B. Aktualität, ansprechendes Layout und Fun Faktor (vgl. Kap. 7.4).

Ob sich die internen Social-Media-Anwendungen auch in **Krisenzeiten** erfolgreich bewähren, dafür fehlen laut Experte 8 bislang die Erfahrungswerte (vgl. Kap. 7.4) und auch mittels der Literatur kann diese Frage nicht in Gänze beantwortet werden. Eine Teilbeantwortung kann jedoch erfolgen. Dadurch, dass die Social-Media-Anwendungen wie dargestellt zu einer Erhöhung der Loyalität beitragen, werden niedrige Fluktuationsraten auch in Krisenzeiten begünstigt (vgl. Kap. 2.2.2).

Empfohlen wird zudem eine **zumindest anfängliche aktive Motivierung der Mitarbeiter** zur aktiven Teilnahme in den sozialen Medien. Zusammenfassend erfolgt dies laut den Experten z.B. durch aktives Vorleben, wertschätzende Aufnahme von Mitarbeiterbeiträgen, Informationsveranstaltungen und Schulungen oder Werbung. Wichtig ist dem Experten 2, dass bei jedem Thema möglichst viele Mitarbeiter einbezogen und in den Vordergrund geholt werden sollen und dass eine wirkliche Kommunikation zwischen den Mitarbeitern gefördert wird. Nach ca. sechs Monaten intensiver Werbung für die neuen Medien, entwickelten sich diese laut dem Experten 8 zu einem Selbstläufer. Zudem wird auf den vorgenannten Aspekt eines Motivationsmanagements verwiesen (vgl. Kap. 3.5.5.4).

Bezüglich der Social Media Themen entwickelt der überwiegende Teil der Befragten 1, 2, 3, 4, 6, 7, 8, 9, 10, 11, 12 und 13 **keine speziellen Themen für die Social Media** Kanäle, sondern verbreiten vorhandene Themen durch alle relevanten Kanäle, wobei das Thema kanalspezifisch angepasst. Zudem spricht Experte 15 eine **Verknüpfung der neuen und der klassischen Medien an**, was auch in der Literatur empfohlen wird (vgl. Kap. 2.5.3). Lediglich die Befragten 5 und 14 greifen Themen auf, die speziell für Social Media relevant sind bzw. aus den dortigen Diskussionen entstehen und damit als relevant und wichtig für die Social Media Nutzer erachtet werden.

Empfohlen wird zudem eine **Evaluation** der Befriedigung der kommunikativen Mitarbeiterbedürfnisse durch Social Media, d.h. die Messung der Wirkung der Kommunikation auf die zuvor definierten Ziele. Der meisten Experten 1, 2, 4, 5, 6, 7, 10, 11, 14, 15 integrieren diese in die jährlich oder zweijährlich stattfindende Mitarbeiterbefragung oder weitere -umfragen. Von Bedeutung ist hierbei laut den Experten die gezielte Abfrage von inhaltlichen Aspekten bei den Social-Media-Anwendungen wie z.B. positive, negative oder neutrale Formulierungen bzw. Tonalität und inhaltlicher Bezug der Kommentare zum Artikel, Zufriedenheit, Glaubwürdigkeit neben den quantitativen Messgrößen wie z.B. Klickraten oder Anzahl der Kommentare und Bewertungen.

8.2 Ausblick

Der Social Media Einsatz in der internen Kommunikation wird, dies implizieren auch die vorgetragenen Aspekte im Rahmen der Social Media Entwicklungen des überwiegenden Teils der Experten der DAX- und MDAX-Unternehmen, aufgrund der zukünftig sehr positiven Bedeutung der Nutzung und des Ausbau der neuen Medien in den nächsten Jahren ein wesentliches, relevantes und modernes Thema für Unternehmen bleiben (vgl. Kap. 2.6.).

Ein sehr interessanter und nahe liegender Forschungsansatz zur Thematik des Buches wäre beispielsweise eine Mitarbeiterbefragung. Dieser Ansatz wurde ursprünglich favorisiert, konnte jedoch nicht realisiert werden. Insbesondere vor diesem Hintergrund und zudem vor den, von den Experten genannten, Entwicklungen im Bereich von Social Media in der Mitarbeiterkommunikation in den kommenden fünf Jahren erscheint zudem eine erneute wissenschaftliche Betrachtung des Untersuchung Themas interessant, um neueste Erkenntnisse über die verbesserte Befriedigung der kommunikativen Mitarbeiterbedürfnisse vor dem Hintergrund der fortschreitenden internen Social Media Nutzung zu betrachten. Die Experten nannten diesbezüglich folgende Aspekte: eine Entwicklung zu viel offeneren, dialogorientierten Kulturen, eine Verstärkung des kollaborativen und dialogischen Arbeitens, eine Zunahme des Abbaus von Hierarchien, weniger Push- und viel stärkere Pull-Kommunikation, eine weitere Professionalisierung der Unternehmen hinsichtlich interner Social Media und die Unterstützung bei der Bewältigung der Informationsflut durch Filtermöglichkeiten und stärkerer Pull-Kommunikation.

Zudem wichen beim Aspekt des informellen Austauschs die Meinungen der Literatur und der Experten voneinander ab. Laut Literatur benötigen die Mitarbeiter keinen „Flurfunk“

mehr zur Meinungsbildung im Unternehmen. Demgegenüber sehen die Befragten einen zusätzlichen digitalen Flurfunk von einer anderen Qualität als der klassische. Sowohl die Frage nach der Existenz als auch die nach der Qualität dieses vorgenannten informellen Austauschs bedürfen einer weiterführenden wissenschaftlichen Betrachtung. Die Recherche mit den Schlagwörtern „digitaler Flurfunk, Flurfunk 2.0 und digitale informelle Kommunikation" in der Karslruher Virtuellen Bibliothek ergab lediglich einen Artikel zum Thema im Harvard Businessmanager aus dem Jahr 2011. Insofern bietet sich an dieser Stelle ein neuer Forschungsansatz zum Thema.

9 Literaturverzeichnis

ARD/ZDF- Onlinestudie (2004 - 2008): Die OnlineNutzerTypologie (ONT) der ARD/ZDF-Onlinestudien 2004 - 2008, [online] http://www.ard-zdf-onlinestudie.de/index.php?id=344 [15.02.2013].

ARD/ZDF- Onlinestudie (2009): Grundcharakteristika der MedienNutzerTypologie 2.0, [online] http://www.ard-zdf-onlinestudie.de/index.php?id=348, [15.02.2013].

ARD/ZDF- Onlinestudie (2012): 76 % der Deutschen online – neue Nutzungssituationen durch mobile Endgeräte, [online] http://www.ard-zdf-onlinestudie.de/fileadmin/Online12/0708-2012_Eimeren_Frees.pdf, [27.12.2012].

Arns, Christian (2007): Die Reise der Trojaner. Loyale Gefolgschaft lässt sich nicht anordnen, in: Dörfel, Lars (Hrsg.), *Interne Kommunkation. Die Kraft entsteht im Maschinenraum*, Berlin: scm.

Atteslander, Peter (2010): *Methoden der empirischen Sozialforschung*, 13. neu bearb. und erw. Aufl., Berlin: Schmidt.

BVDW Bundesverband digitale Wirtschaft e.V. (2011): Einsatz von Social Media in Unternehmen, [online] http://www.bvdw.org/presseserver/bvdw_social_media_studie/bvdw_social_media_in_unternehmen_executive_summary.pdf, [15.03.2012].

Beile, Judith (2011): Personalberichterstattung der DAX-30-Unternehmen, 2. akt. Aufl., [online] http://www.boeckler.de/pdf/p_arbp_138.pdf, [15.02.2013].

Bernoff, Josh (2010): Social Technographics. Conversationalists get onto the ladder, [online] http://forrester.typepad.com/groundswell/2010/01/conversationalists-get-onto-the-ladder.html [15.02.2013].

BITKOM Bundesverband Informationswirtschaft, Telekommunikation und neue Medien e.V. (2011): *Leitfaden Social Media*, Berlin: BITKOM.

BITKOM Bundesverband Informationswirtschaft, Telekommunikation und neue Medien e.V. (2012): *Social Media in deutschen Unternehmen*, Berlin: BITKOM.

Breyer-Mayländer, Thomas (2004): *Einführung in das Medienmanagement*, München: Oldenbourg.

Buchholz, Ulrike / Knorre, Susanne (2010): *Grundlagen der Internen Unternehmenskommunikation*, Berlin: Helios.

Burkhardt, Rainer / Kircher, Lukas (2008): Das relevanteste Wirtschaftsmagazin der Welt, in: Dörfel, Lars (Hrsg.), Instrumente und Techniken der Internen Kommunikation. Trends, Nutzen und Wirklichkeit, Berlin: scm. 36 - 49.

Clampitt, Philipp G. (2010): *Communicating for Managerial Effectiveness. Problems, Strategies, Solutions*, 4th ed., Thousand Oaks: SAGE.

Deutsche Börse AG (2012): DAX-Trading Grundlagen. Erklärung DAX, MDAX und TecDAX, [online] http://www.boerse.de/dax-trading/Erklaerung-DAX-MDAX-und-TecDAX/wissen [27.03.2012].

Diekmann, Andreas (2006): Empirische Sozialforschung. Grundlagen, Methoden, Anwendungen, 15. Aufl., Reinbeck: Rowohlt.

Dörfel, Lars / Ross, Anja (2012): Was bedeuten Social Media für die Unternehmens-kultur?, in: Dörfel, Lars / Schulz, Therea (Hrsg.), *Social Media in der Internen Kommunikation*, Berlin: scm. 113 - 127.

Ebersbach, Anja / Glaser, Markus / Heigl, Richard (2011): *Social Web*, 2. völlig überarb. Aufl., Konstanz: UVK.

Eck, Klaus (2010): *transparent und glaubwürdig. Das optimale Online Reputation Management für Unternehmen*, München: Redline.

Einwiller, Sabine / Klöfer, Franz / Nies, Ulrich (2008): Mitarbeiterkommunikation, in: Meckel, Miriam / Schmid, Beat F. (Hrsg.), *Unternehmenskommunikation. Kommunikationsmanagement aus Sicht der Unternehmensführung*, 2. überarb. und erw. Aufl., Wiesbaden: Gabler, 223 - 260.

Einwiller, Sabine / Landmeier, Christine (2012): Interne Kommunikation: Digitale Strategien für Mitarbeiter und Führungskräfte, in: Zerfaß, Ansgar / Pleil, Thomas (Hrsg.), *Handbuch Online-PR. Strategische Kommunikation in Internet und Social Web*, Konstanz: UVK, 201- 216.

Führmann, Ulrike / Schmidbauer, Klaus (2011): *Wie kommt System in die interne Kommunikation? Ein Wegweiser für die Praxis*, 2. akt. und überarb. Aufl., Berlin: Talpa.

Gabler Wirtschaftslexikon (2012a): Deutscher Aktienindex (DAX), [online] http://wirtschaftslexikon.gabler.de/Definition/deutscher-aktienindex-dax.html?referenceKeywordName=DAX, [27.02.2013].

Gabler Wirtschaftslexikon (2012b): MDAX, [online] http://wirtschaftslexikon.gabler.de/Definition/mdax.html, [27.02.2013].

Gfeller, Louis (2007): *Handbuch für eine aktive und systematische Mitarbeiterkommunikation. Grundsätze, Erfolgsvoraussetzungen, Instrumente und Praxistipps für eine professionelle interne Unternehmenskommunikation mit Berücksichtigung neuer und klassischer Medien und vielen Fallbeispielen und Arbeitshilfen für eine erfolgreiche Umsetzung*, Zürich: praxium.

Gläser, Jochen / Laudel, Grit (2010): *Experteninterviews und qualitative Inhaltsanalyse als Instrumente rekonstruierender Untersuchungen*, 4. Aufl., Wiesbaden: VS Verlag für Sozialwissenschaften.

Grunig, James E. / Grunig, Larissa A. (2011): Characteristics Of Excellent Communication, in: Gillis, Tamara L. (2011), *the IABC handbook of organizational communication. A Guide to Internal Communication, Public Relations, Marketing, and Leadership*, 2nd ed., San Francisco: John Wiley & Sons, 3 - 14.

Hauser, Frank / Schubert, Andreas / Aicher, Mona (2008): Unternehmenskultur, Arbeitsqualität und Mitarbeiterengagement in Deutschland. Ein Forschungsprojekt des Bundesministeriums für Arbeit und Soziales, [online] http://www.cbdata.de/hv-sales/HVConsult/AbschlußBericht.pdf [20.04.2012].

Heckhausen, Heinz (1989): *Motivation und Handeln*, Berlin: Springer.

Heckhausen, Heinz (2011): Entwicklungslinien der Motivationsforschung, in: Heckhausen, Jutta / Heckhausen, Heinz (Hrsg.): *Motivation und Handeln*, 4. überarb. und erw. Aufl., Springer: Berlin. 11 - 31.

Hein, Frank Martin (2008): Ob gemixt, gerührt oder geschüttelt: Content is King. Die Auswahl interner Kommunikationsmedien liegt letztlich bei den Rezipienten, in: Dörfel, Lars (Hrsg.), *Instrumente und Techniken der Internen Kommunikation. Trends, Nutzen und Wirklichkeit*, Berlin: scm, 14 – 20.

Herbst, Dieter Georg (2011): *Rede MITMIR. Warum Interne Kommunikation für Mitarbeitende so wichtig ist und wie sie funktionieren könnte*, Berlin: scm.

Homburg, Christian / Krohmer, Harley (2005): *Marketingmanagement. Strategie, Instrumente, Umsetzung, Unternehmensführung*, Wiesbaden: Gabler.

Hungenberg, Harald / Wulf, Torsten (2011): *Grundlagen der Unternehmensführung. Einführung für Bachelorstudierende*, vierte akt. und erw. Aufl., Heidelberg: Springer.

Huober, Hans-Dieter (2010): „The Times They Are A-Changin`". Entwicklung der internen Kommunikation bei IMB Deutschland, in: Schick, Siegfried: *Interne Unternehmenskommunikation. Strategien entwickeln, Strukturen schaffen, Prozesse steuern*, 4. Aufl., Stuttgart: Schäffer-Poeschel, 215 - 220.

Iyilikci, Ergin / Schmidt, Jan-Paul (2011): Kultureller Wandel durch Social Media, in: Dörfel, Lars / Schulz, Theresa (Hrsg.): *Social Media in der Unternehmenskommunikation*, Berlin: scm, 73 - 90.

Jost, Peter-J. (2008): *Organisation und Motivation. Eine ökonomisch-psychologische Einführung*, 2. Aufl., Wiesbaden: Gabler.

Kinter, Achim / Ott, Ulrich / Manolagas, Eliza (2009): Führungskräftekommunikation. Grundlagen, Instrumente, Erfolgsfaktoren. Das Umsetzungsbuch, Frankfurt/Main: F.A.Z.- Institut.

Kirchler, Erich / Meier-Presti, Katja / Hofmann, Eva (2008): Menschenbilder, in: Kirchler, Erich (Hrsg.), *Arbeits- und Organisationspsychologie*, 2. Aufl., Wien: Facultas. 17 - 181.

Koch, Michael / Richter, Alexander (2007): Enterprise 2.0. Planung, Einführung und erfolgreicher Einsatz von Social Software in Unternehmen. München: Oldenbourg.

Kolb, Georg (2011): „Many-to-One-Kommunikation“ - wie die Feedback-Lücke der Unternehmenskommunikation zu schließen ist, in: Dörfel, Lars / Schulz, Theresa (Hrsg.): *Social Media in der Unternehmenskommunikation*, Berlin: scm, 277 - 287.

Kuß, Alfred / Eisend, Martin (2010). Marktforschung. Grundlagen der Datenerhebung und Datenanalyse, 3. Aufl., Wiesbaden: Gabler.

Lamnek, Siegfried (2010): *Qualitative Forschungsmethoden: Eine praxisnahe Einführung*, Frankfurt / Main: Klotz.

Li, Charlene / Bernoff, Josh (2011): *Groundswell. Winning in a world transformed by social technologies*, USA: Forrester.

Mast, Claudia (2010): *Unternehmenskommunikation. Ein Leitfaden,* 4. neue und erw. Aufl., Stuttgart: Lucius & Lucius.

Mayring, Philipp (2002): Einführung in die qualitative Sozialforschung, 5. überarb. und neu ausgest. Aufl., Weinheim / Basel: Beltz.

Münker, Stefan (2011): Die sozialen Medien des Web 2.0, in: Michelis, Daniel/Schildhauer, Thomas (Hrsg.), *Social Media Handbuch. Theorien, Methoden, Modelle*, Baden-Baden: Nomos, 31 - 41.

MNT- Justierungsstudie 2006: in Oehmichen, Ekkehardt (2007): *Die neue Medien-NutzerTypologie 2.0, Veränderungen und Charakteristika der Nutzertpen*, in: Media Perspektiven (2007), 226 – 234.

Murray, Henry (1938): *Explorations in Personality*. New York: Oxford University Press.

Nerdinger, Friedemann W. / Blickle, Gerhard / Schaper, Niclas (2011): *Arbeits- und Organisationspsychologie*, 2. überarb. Aufl., Berlin: Springer.

Oehmichen, Ekkehardt (2008): Die MedienNutzerTypologie - Konzepte, Befunde, offene Fragen, [online] http://www.hans-bredow-institut.de/webfm_send/212, [27.12.2012].

Pfannenberg, Jörg (2011): Web 2.0. in der Unternehmenskommunikation: Ziele und Strategie, in: Pfannenberg, Jörg (Hrsg.), *Corporate Communications im Web 2.0. Relevanz und Legitimität für das Unternehmen*, Düsseldorf: PR Career Center, 6 - 18.

Pleil, Thomas (2012a): Kommunikation in der digitalen Welt, in: Zerfaß, Ansgar / Pleil, Thomas (Hrsg.), *Handbuch Online-PR. Strategische Kommunikation in Internet und Social Web*, Konstanz: UVK, 17 - 38.

Pleil, Thomas (2012b): Weblogs im Kommunikationsmanagement, in: Zerfaß, Ansgar / Pleil, Thomas, *Handbuch Online-PR. Strategische Kommunikation in Internet und Social Web*, Konstanz: UKV, 237 - 253.

Pleil, Thomas / Bastian, Matthias (2012): Online-Communities im Kommunikationsmanagement, in: Zerfaß, Ansgar / Pleil, Thomas (Hrsg.), *Handbuch Online-PR. Strategische Kommunikation in Internet und Social Web*, Konstanz: UKV, 309 - 323.

Pleil, Thomas / Rehn, Daniel (2012): Wikis in Wissensmanagement und Unternehmenskommunikation, in: Zerfaß, Ansgar / Pleil, Thomas (Hrsg.), *Handbuch Online-PR. Strategische Kommunikation in Internet und Social Web*, Konstanz: UVK, 297 - 307.

Pleil, Thomas / Zerfaß, Ansgar (2007): Internet und Social Software in der Unternehmenskommunikation, in: Piwinger, Manfred / Zerfaß, Ansgar (Hrsg.), *Handbuch Unternehmenskommunikation*, Wiesbaden: Gabler.

Quirke, Bill (2008): *Making the Connections. Using Internal Communication to Turn Strategy into Action*, 2nd ed., Aldershot: Gower.

Ridder, Hans-Gerd (2009): *Personalwirtschaftslehre*, 3. akt. und überarb. Aufl., Stuttgart: Kohlhammer.

Rousseau-Andersson, Jackie (2010): The Latest Global Social Media Trends May Surprise You, [online] http://blogs.forrester.com/jackie_rousseau_anderson/10-09-28-latest_global_social_media_trends_may_surprise_you, [01.05.2012].

Ruisinger, Dominik / Jorzik, Oliver (2008): *Public Relations. Leitfaden für ein modernes Kommunikationsmanagement*, Stuttgart: Schäffer-Poeschel.

scm (2011): Trendmonitor Interne Kommunikation 2011, [online] http://www.scmonline.de/sites/default/files/download_files/scm_trendmonitor_interne kommunikation_2011_kurzversion_3_0.pdf, [15.03.2012].

Scheffer, David / Heckhausen, Heinz (2011): Eigenschaftstheorien der Motivation, in: Heckhausen, Jutta / Heckhausen, Heinz (Hrsg.): *Motivation und Handeln*, 4. überarb. und erw. Aufl., Springer: Berlin. 43 - 70.

Schick, Siegfried (2010): *Interne Unternehmenskommunikation. Strategien entwickeln, Strukturen schaffen, Prozesse steuern*, 4. Aufl., Stuttgart: Schäffer-Poeschel.

Schindler, Marie-Christine / Liller, Tapio (2011): *PR im Social Web. Das Handbuch für Kommunikationsprofis*, Köln: O´Reilly.

Schmidt, Jan (2008): Was ist neu am Social Web? Soziologische und kommunikationswissenschaftliche Grundlagen, in: Zerfaß, Ansgar / Welker, Martin / Schmidt, Jan (Hrsg.), *Kommunikation, Partizipation und Wirkungen im Social Web, Grundlagen und Methoden: Von der Gesellschaft zum Individuum*, Bd. 1, Köln: Herbert von Halem, 18 - 40.

Schmidt, Jan (2011): *Das neue Netz. Merkmale, Praktiken und Folgen des Web 2.0*, 2. überarb. Aufl., Konstanz: UVK.

Schönefeld, Frank (2009): *Praxisleitfaden Enterprise 2.0. Wettbewerbsfähig durch neue Formen der Zusammenarbeit*, Kundenbindung und Innovation, München: Hanser.

Schwaiger, Manfred / Meyer, Anton (2009): *Theorien und Methoden der Betriebswirt schaft*, Vahlen: München.

Sottong, Hermann (2008): His Master`s Voice geht nicht mehr., in: Dörfel, Lars (Hrsg.), *Instrumente und Techniken der Internen Kommunikation. Trends, Nutzen und Wirklichkeit*, Berlin: scm. 22 - 33.

Statista (2013): Mitarbeiterzahl in den Dax-Unternehmen von 2007 bis 2012 (in Millionen), [online] http://de.statista.com/statistik/daten/studie/6683/umfrage/entwicklung-der-mitarbeiterzahl-der-dax-unternehmen/, [15.02.2013].

Tesch, Jan Christopher (2011): Mitarbeiterkommunikation im Web 2.0: Kooperation stärken, kollektive Intelligenz aktivieren, in: Pfannenberg, Jörg (2011), *Corporate Communications im Web 2.0. Relevanz und Legitimität für das Unternehmen*, Düsseldorf: PR Career Center, 20 - 35.

Welker, Martin / Zerfaß, Ansgar (2008): Einleitung: Social Web in Journalismus, Politik und Wirtschaft, in: Zerfaß, Ansgar / Welker, Martin / Schmidt, Jan (Hrsg.), *Kommunikation, Partizipation und Wirkungen im Social Web, Strategien und Anwendungen: Perspektiven für* Wirtschaft, Politik und Publizistik, Bd. 2, Köln: Herbert von Halem, 12 - 18.

Wolf, Frank (Hrsg.) (2011): *Social Intranet. Die neue Rolle des Intranets für den digitalen Arbeitsplatz*, München: Carl Hanser. 15 - 39.

Wright, Marc (2009): *Handbook of internal communication*. Farnham: Gower.

Zerfaß, Ansgar / Sandhu, Swaran (2008): Interaktive Kommunikation, Social Web und Open Innovation: Herausforderungen und Wirkungen im Unternehmenskontext, in: Zerfaß, Ansgar / Welker, Martin / Schmidt, Jan (Hrsg.), *Kommunikation, Partizipation und Wirkungen im Social Web, Strategien und Anwendungen: Perspektiven für* Wirtschaft, Politik und Publizistik, Bd. 2, Köln: Herbert von Halem, 283 - 310.

10 Abbildungsverzeichnis

11 Tabellenverzeichnis

12 Abkürzungsverzeichnis

DAX	Deutscher Aktienindex
FAQ	Frequently Asked Questions
HR	Human Resources
KMU	Kleine und mittlere Unternehmen
MDAX	Mid-Cap-DAX
ONT	OnlineNutzerTypologie
OSN	Online Social Network
PR	Public Relations
Q&A	Questions and Answers
RSS-Feed	Really Simple Syndication-Feed
SME	Subject Matter Expert
SMS	Short Message Service
SND	Social Network- Dienste

13 Anhang

A: Interviewleitfaden

Anke Baum-Nilsson **Leitfaden für Experteninterviews**

Eingangsfrage:

1. Was verstehen Sie unter den kommunikativen Bedürfnissen von Mitarbeitern?

2. Welche Botschaften / Inhalte setzen Sie zur Befriedigung dieser kommunikativen Bedürfnisse derzeit ein und warum?

Fragen zum Einsatz von Social Media:

3. Welche Social Media Anwendungen setzen Sie in der Kommunikation mit Ihren Mitarbeitern ein und warum?

4. Welche Ziele verfolgen Sie mit dem Social Media Einsatz in der Mitarbeiterkommunikation?

5. Welchen Stellenwert haben die Ziele, die sich auf die Befriedigung der kommunikativen Mitarbeiterbedürfnisse beziehen?

6. Was sind Ihrer Erfahrung nach die Erfolgsfaktoren für einen Social Media Einsatz in der Mitarbeiterkommunikation?

7. Ersetzen oder ergänzen die neuen sozialen Medien - insbesondere auch vor dem Hintergrund einer global verteilten Mitarbeiterschaft - ihrer Meinung nach die
   7.1 Face-to-Face-Kommunikation?
   7.2 Printmedien (z. B. Mitarbeiterzeitschrift)?

8. Inwieweit können Social Media Anwendungen ihrer Meinung nach den informellen Austausch, das heißt den sogenannten -Flurfunk" zur Meinungsbildung im Unternehmen ersetzen?

9. Wie tragen die Social Media Anwendungen dazu bei
   9.1 die Mitarbeiterloyalität zu fördern und das Vertrauen in den Arbeitgeber zu stärken?

9.2 die Organisationskultur und das Betriebsklima zu fördern und weiterzuentwickeln?

10. Welche Unternehmens-, Führungs-, und Kommunikationskultur haben Sie in ihrem Unternehmen?

11. Wie motivieren Sie Ihre Mitarbeiter zur aktiven Teilnahme in den Sozialen Medien?

Fragen zu den Kommunikationsbedürfnissen von Mitarbeitern und deren Befriedigung:

12. Frage:
Welche Botschaften / Inhalte in den Sozialen Medien tragen zur Befriedigung der kommunikativen Mitarbeiterbedürfnisse bei? Gerne nach sozialem Medium getrennt darlegen.

13. Frage:
Wie evaluieren Sie die Befriedigung der kommunikativen Mitarbeiterbedürfnisse durch Social Media Anwendungen?

14. Frage:
Welche Entwicklungen werden aus Ihrer Sicht in den kommenden 5 Jahren durch Social Media in der Mitarbeiterkommunikation ermöglicht?

Autorenprofil

Anke Baum-Nilsson (MSc) ist seit 2011 freiberufliche PR- und Kommunikationsberaterin. Sie studierte an der Fachhochschule Kiel Betriebswirtschaft, ist ausgebildete PR-Beraterin und absolvierte ein Masterstudium in PR und Integrierte Kommunikation am Institut für Wissens- und Kommunikationsmanagement/Zentrum für Journalismus und Kommunikationsmanagement der Donau-Universität Krems. Umfassende berufliche Erfahrungen sammelte sie im B2B-Marketing eines internationalen Chemieunternehmens sowie als wissenschaftliche Mitarbeiterin zuständig für PR- und Marketingthemen im Politikbereich. Die Kommunikation mit den Mitarbeitern und der Bereich der neuen sozialen Medien sind ihre favorisierten Themen.